ABIfit

ABITUR-TRAINING
Mathematik

Schätz
Eisentraut

Stochastik

C. C. BUCHNER

Liebe Schülerinnen und Schüler,

dieser Band hilft Ihnen gezielt bei der Vorbereitung auf Klausuren und auf die Abiturprüfung im Fach Mathematik. Für alle geforderten Inhalte gibt es passgenau zu den Anforderungen konzipierte Aufgaben mit ausführlichen Lösungen. Damit können Sie sich selbstständig und effektiv auf die Prüfungen vorbereiten.

Mit **ABI** sind Aufgaben gekennzeichnet, die in Abiturprüfungen bereits gestellt wurden. Anhand dieser Aufgaben können Sie schon frühzeitig und in vielfältigen Zusammenhängen gezielt auch Aufgabenstellungen, wie sie für das Abitur besonders relevant sind, bearbeiten.
Darüber hinaus bieten Ihnen die aktuellen Abituraufgaben am Ende des Aufgabenteils die Möglichkeit, eine vollständige Original-Abiturprüfung in Stochastik selbstständig durchzuarbeiten.

Der Band enthält die Stochastik-Aufgaben aus den bereits vielfach bewährten Trainingsbänden zu delta 11 und delta 12; er ist unabhängig vom eingeführten Schulbuch in jedem Bundesland einsetzbar.

Wir wünschen Ihnen viel Erfolg bei Ihrer Vorbereitung auf Klausuren und auf das Abitur!

Axiomatische Definition der Wahrscheinlichkeit – Wahrscheinlichkeit verknüpfter Ereignisse

1. Zeigen Sie unter Verwendung der Axiome von Kolmogorow, dass $P(\overline{A}) = 1 - P(A)$ ist.
Definition des Gegenereignisses $\overline{A}$ von A:

(1) $A \cap \overline{A}$ = __________; (2) $A \cup \overline{A}$ = __________

Wegen (1) gilt nach Axiom III: $P(A \cup \overline{A})$ = __________________ (1'), und

wegen (2) gilt nach Axiom _________ : $P(A \cup \overline{A})$ = _________ = ____ (2').

Aus (1') und (2') folgt $P(A) + P(\overline{A})$ = _________ ; $| - P(A)$

somit ist $P(\overline{A})$ = ___________ .

2. Zeigen Sie unter Verwendung der Axiome von Kolmogorow, dass $P(\emptyset) = 0$ ist ($\emptyset = \{\,\}$).

Es gilt (1) $\Omega \cap \emptyset$ = ___________ und (2) $\Omega \cup \emptyset$ = ___________.

Wegen (1) gilt nach Axiom III: $P(\Omega \cup \emptyset)$ = _____________ (1'), und

wegen (2) gilt nach Axiom ________: $P(\Omega \cup \emptyset)$ = ___________ = __________ (2').

Aus (1') und (2') folgt $1 + P(\emptyset)$ = __________; $| - 1$

somit ist $P(\emptyset)$ = __________.

3. Ein „gezinkter" Spielwürfel wird einmal geworfen. Bekannt sind die Wahrscheinlichkeiten
$P(\{1; 2\}) = \frac{1}{4}$; $P(\{1; 4; 6\}) = \frac{5}{12}$; $P(\{1; 2; 4\}) = \frac{1}{2}$; $P(\{1; 2; 4; 6\}) = \frac{7}{12}$ und $P(\{5; 6\}) = \frac{1}{6}$.

a) Berechnen Sie die Wahrscheinlichkeiten für die einzelnen Augenanzahlen und tragen Sie sie in die Tabelle ein.

Augenanzahl n	1	2	3	4	5	6
Wahrscheinlichkeit P({n})						

b) Zeigen Sie, dass das Kolmogorow-Axiom II erfüllt ist.

4. Für die Ereignisse A und B gilt $P(A) = \frac{3}{8}$, $P(B) = \frac{1}{2}$ sowie $P(A \cap B) = \frac{1}{4}$.

a) Ergänzen Sie die Vierfeldertafel.

b) Ermitteln Sie die Wahrscheinlichkeiten
(1) p_1 = P(„Das Ereignis A oder das Ereignis B tritt ein"),
(2) p_2 = P(„Entweder das Ereignis A oder das Ereignis B tritt ein"),
(3) $p_3 = P_A(B)$ und
(4) $p_4 = P_B(A)$.

p_1	p_2	p_3	p_4

5. Für das einmalige Werfen eines „gezinkten" Spielwürfels gilt:

Augenanzahl	1	2	3	4	5	6
Wahrscheinlichkeit	$\frac{1}{6}$	$\frac{2}{15}$	$\frac{1}{6}$	$\frac{1}{5}$	$\frac{2}{15}$	

Ergänzen Sie die Tabelle und ermitteln Sie dann die Wahrscheinlichkeiten der Ereignisse
E_1: „Die Augenanzahl ist gerade",
E_2: „Das Quadrat der Augenanzahl ist größer als 20",
$E_3 = \overline{E_1}$,
E_4: „Die Augenanzahl ist gleich dem Quadrat einer Primzahl" und
E_5: „Die Augenanzahl ist der Produktwert zweier Primzahlen".

6. Gegeben ist $P(A) = 0{,}75$, $P(\overline{B}) = 0{,}4$ und $P(\overline{A} \cap \overline{B}) = 0{,}2$.
Ergänzen Sie die Vierfeldertafel und ermitteln Sie dann

a) $P(\overline{A})$.
b) $P(A \cup B)$.
c) $P(A \cap \overline{B})$.
d) $P(\overline{A} \cup \overline{B})$.
e) P(„Entweder A oder B").
f) P(„Entweder $\overline{A}$ oder B").

7. Tina wirft dreimal eine Münze: Zuerst eine Laplace-Münze, dann eine „gezinkte" Münze (die Wahrscheinlichkeit, mit ihr **Z**ahl zu werfen, ist nur 48%) und dann nochmals die Laplace-Münze. Erstellen Sie ein beschriftetes Baumdiagramm und ermitteln Sie dann die Wahrscheinlichkeiten der fünf Ereignisse
E_1: „Mindestens einmal erscheint **Z**ahl",
E_2: „Beim Werfen der Laplace-Münze erscheint mindestens einmal **Z**ahl",
E_3: „Beim Werfen der Laplace-Münze erscheint zweimal **Z**ahl",
E_4: „Dreimal erscheint **W**appen" und
E_5: „Mehr als einmal erscheint **W**appen".

8. In den 11. Klassen des Felix-Klein-Gymnasiums gibt es u. a. **S**nowboarder und **A**lpinskifahrer.
85% der Schüler betreiben mindestens eine dieser Sportarten; 50% sind **A**lpinskifahrer, aber keine Snowboarder, und 90% betreiben höchstens eine dieser Sportarten.
Aus den Namenslisten der 11. Klassen wird ein Schüler zufällig ausgewählt. Mit welcher Wahrscheinlichkeit ist er ein **A**lpinskifahrer, mit welcher ein **S**nowboarder?

9. Das Kopfschmerzmittel AUA führt erfahrungsgemäß in 10% der Anwendungen zu Nebenwirkungen. Ein Arzt hat an einem Tag dieses Medikament 12-mal verordnet.

a) Wie groß ist die Wahrscheinlichkeit, dass es bei mindestens einem (bzw. genau einem) der zwölf Patienten zu Nebenwirkungen kommt?

Das Magenschmerzmittel OWEH führt erfahrungsgemäß in 8% der Anwendungen zu Nebenwirkungen. Maximilian hat beide Medikamente erhalten, die einander in ihrer Wirkung nicht beeinflussen.

b) Mit welcher Wahrscheinlichkeit kommt es bei ihm
(1) nicht zu Nebenwirkungen?
(2) zu Nebenwirkungen nur von AUA?
(3) zu Nebenwirkungen von mindestens einem der Medikamente?
(4) zu Nebenwirkungen von höchstens einem der Medikamente?

1. 100 Schüler und Schülerinnen des Emmy-Noether-Gymnasiums wurden befragt, ob sie (mindestens) ein **H**austier besitzen. Von den 60 **M**ädchen kreuzten 26 die Antwort „Ja" an; 29 der **J**ungen gaben an, kein **H**austier zu besitzen.

a) Erstellen Sie eine Vierfeldertafel.

b) Aus den 100 Schülern / Schülerinnen wird eine Person zufällig ausgewählt.
Wie groß ist die Wahrscheinlichkeit, dass die ausgewählte Person
(1) ein Mädchen ist, wenn man weiß, dass sie ein Haustier besitzt?
(2) kein Haustier besitzt, wenn man weiß, dass ein Junge ausgewählt wurde?

2. Nina fährt an der Hälfte aller Schultage mit dem Bus in die Schule; an 70% dieser Tage kommt sie pünktlich zur Schule. Insgesamt kommt sie aber nur an 60% aller Schultage pünktlich.
Heute kommt Nina pünktlich zur Schule. Finden Sie heraus, mit welcher Wahrscheinlichkeit sie heute den Bus benutzt hat.

3. An einer Universität sind 45% der Studierenden **F**rauen; 40% der Studentinnen rauchen, und 24% aller Studierenden sind männliche **N**ichtraucher.

a) Ergänzen Sie die Vierfeldertafel

b) Im Biologieseminar hält eine Studentin ein Referat.
Mit welcher Wahrscheinlichkeit ist sie Nichtraucherin?

c) In einem Medizinseminar hält eine (selbst nicht rauchende) Person ein Referat über „Rauchen und Lungenkrebs". Mit welcher Wahrscheinlichkeit wird das Referat von einem Studenten gehalten?

	Frauen	**M**änner	
N			
$\overline{N}$			

4. Ein neu eröffnetes Fitnessstudio lässt seine Prospekte bei drei verschiedenen Druckereien herstellen: Druckerei A erhält 50%, Druckerei B 30% und Druckerei C 20% der Aufträge.

a) Veranschaulichen Sie die Anteile in einem Kreisdiagramm.

Bei der Druckerei A treten 3% Fehldrucke, bei der Druckerei B 4% Fehldrucke auf; insgesamt beträgt der Anteil der Fehldrucke 3,7%.

b) Wie viel Prozent Fehldrucke enthält die Lieferung der Druckerei C?

c) Bei der Verteilung der Prospekte erhält Frau Styler einen Fehldruck. Finden Sie jeweils heraus, mit welcher Wahrscheinlichkeit er von der Druckerei A bzw. von der Druckerei B bzw. von der Druckerei C stammt. Veranschaulichen Sie diese drei Wahrscheinlichkeiten in einem Kreisdiagramm und vergleichen Sie es mit dem Kreisdiagramm von Teilaufgabe a).

5. Das Otto-Hahn-Gymnasium feiert den 50. Jahrestag seiner Gründung. An der Festveranstaltung nehmen 60% aller Schüler und Schülerinnen teil. Anlässlich des Jubiläums erscheint außerdem ein erweiterter Jahresbericht. Von den Schülern / Schülerinnen, die die Festveranstaltung besuchen, kaufen (etwa) 75% den Jahresbericht; von denen, die die Festveranstaltung nicht besuchen, erwerben (etwa) 60% den Jahresbericht.

a) Tina (eine zufällig ausgewählte Schülerin) kauft den Jahresbericht. Mit (etwa) welcher Wahrscheinlichkeit nimmt sie an der Festveranstaltung teil?

b) Tom (ein zufällig ausgewählter Schüler) besucht die Festveranstaltung. Mit (etwa) welcher Wahrscheinlichkeit kauft er den Jahresbericht nicht?

6. In einer Computerfirma sind 40% aller Angestellten Frauen; 60% dieser Frauen haben einen Hochschulabschluss. Insgesamt haben 70% aller Angestellten einen Hochschulabschluss. Finden Sie heraus, wie viel Prozent der männlichen Angestellten einen Hochschulabschluss besitzen.

7. Die Abbildung zeigt ein Netz eines Laplace-Spielwürfels. Dieser L-Würfel wird einmal geworfen.

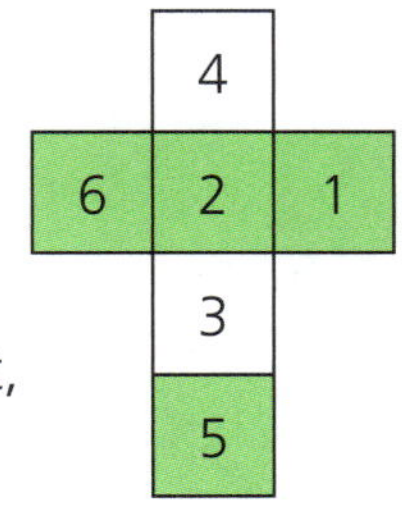

a) Geben Sie die Wahrscheinlichkeit an, dass eine Sechs geworfen wird.

Wie groß ist die Wahrscheinlichkeit, dass eine Sechs geworfen wurde, wenn bekannt ist,

b) dass eine grüne Fläche oben liegt? **c)** dass keine Primzahl geworfen wurde?

8. 40% der Mitglieder eines Sportvereins sind Frauen; 30% dieser Frauen und 45% der männlichen Mitglieder dieses Sportvereins spielen Tennis.

a) Ergänzen Sie die Vierfeldertafel.

	Frau	Mann	
spielt Tennis			
spielt nicht Tennis			

Ein Mitglied dieses Sportvereins wurde zufällig ausgewählt.

b) Wie groß ist die Wahrscheinlichkeit, dass eine Tennisspielerin ausgewählt wurde?

Bei der zufälligen Auswahl wurde ein Mann ausgewählt.

c) Wie groß ist die Wahrscheinlichkeit, dass er Tennisspieler ist?

9. In einer Bevölkerung sind 4% aller Männer und 1% aller Frauen farbenblind.

a) Wie groß muss eine Stichprobe von zufällig ausgewählten Männern sein, damit mit einer Wahrscheinlichkeit von mehr als 50% mindestens einer farbenblind ist?

b) Um eine offene Stelle bewerben sich zehn Personen, darunter drei Frauen. Die Testunterlagen einer zufällig unter den zehn Bewerbungen ausgewählten Person ergeben, dass diese Person farbenblind ist. Mit welcher Wahrscheinlichkeit handelt es sich um eine Frau?

10. Auf zwei Urnen sind 20 bis auf ihre Farbe völlig gleichartige Kugeln verteilt, nämlich 2 rote, 4 blaue, 6 grüne und 8 schwarze Kugeln. Die Urne 1 enthält die 2 roten und die 4 blauen sowie 4 der grünen Kugeln; die Urne 2 enthält die übrigen 2 grünen und alle 8 schwarzen Kugeln.
Simon wählt zuerst „blind" eine Urne und zieht dann aus ihr nacheinander ohne Zurücklegen „blind" zwei Kugeln; beide Kugeln sind grün.
Mit welcher (bedingten) Wahrscheinlichkeit stammen sie aus der Urne 1, mit welcher (bedingten) Wahrscheinlichkeit stammen sie aus der Urne 2?

11. Untersuchungen haben ergeben, dass in Bayern in der Sekundarstufe I 35% der Schülerinnen und Schüler die Hauptschule, 35% das Gymnasium und 30% die Realschule besuchen. In der Sekundarstufe I sind 16% aller Jugendlichen Raucher; in der Hauptschule etwa 24%, am Gymnasium etwa 7%.

a) Finden Sie heraus, wie hoch die Raucherquote in der Sekundarstufe I an Realschulen ist.

b) Ein zufällig aus der Sekundarstufe I ausgewählter Jugendlicher ist Raucher. Mit welcher Wahrscheinlichkeit besucht er ein Gymnasium?

1. a) An einem Einstellungstest nahmen 200 Jugendliche, darunter 75 Mädchen, teil. Insgesamt erreichten 80 der teilnehmenden Personen, darunter 25 Mädchen, mehr als 75% der Höchstpunktzahl. Zeigen Sie, dass die Ereignisse
E_1: „Eine zufällig ausgewählte Person ist ein Mädchen" und
E_2: „Eine zufällig ausgewählte Person hat mehr als 75% der Höchstpunktzahl erreicht"
voneinander stochastisch abhängig sind.

b) An einem Einstellungstest nahmen 200 Jugendliche, darunter 75 Mädchen, teil. Insgesamt erreichten 80 der teilnehmenden Personen mehr als 75% der Höchstpunktzahl. Ergänzen Sie die Vierfeldertafel so, dass die Ereignisse
E_1: „Eine zufällig ausgewählte Person ist ein Mädchen" und
E_2: „Eine zufällig ausgewählte Person hat mehr als 75% der Höchstpunktzahl erreicht" voneinander stochastisch unabhängig sind.

a)

	M	J	
erreicht mehr als 75% der Höchstpunktzahl			80
erreicht höchstens 75% der Höchstpunktzahl			
	75		200

b)

	M	J	
erreicht mehr als 75% der Höchstpunktzahl			
erreicht höchstens 75% der Höchstpunktzahl			

2. Die Firma ELON produziert (nur) an den drei Maschinen M_1, M_2 und M_3 Speicherchips. An der Gesamtproduktion ist M_1 mit 40% und M_2 mit 50% beteiligt. Der Ausschussanteil ist bei M_1 6%, bei M_2 3% und bei M_3 11%.

a) Ermitteln Sie den Ausschussanteil an der Gesamtproduktion.

b) Ein zufällig ausgewählter Speicherchip stellt sich als defekt heraus. Mit welcher Wahrscheinlichkeit stammt er von der Maschine M_1?

c) Finden Sie heraus, ob die Ereignisse
E_1: „Ein zufällig ausgewählter Speicherchip stammt von der Maschine M_1" und
E_2: „Ein zufällig ausgewählter Speicherchip ist einwandfrei"
voneinander unabhängig sind.

3. Die Ereignisse A und B sind jeweils voneinander unabhängig. Ergänzen Sie die Vierfeldertafeln.

a)

	A	$\overline{A}$	
B			0,70
$\overline{B}$			
	0,20		1,00

b)

	A	$\overline{A}$	
B			
$\overline{B}$			0,25
	0,40		1,00

c)

	A	$\overline{A}$	
B	0,12		
$\overline{B}$			
		0,60	1,00

d)

	A	$\overline{A}$	
B			0,10
$\overline{B}$			
			1,00

$P(A \cup B) = 0{,}60$

4. Ein Laplace-Tetraeder trägt auf seinen vier Flächen die Zahlen 1; 2; 2 bzw. 3. Otti „würfelt" zweimal mit ihm; die Zahl auf der unten liegenden Fläche gilt als geworfen. Gewinnentscheidend ist der Wert der Summe der beiden geworfenen Zahlen.

a) Ermitteln Sie mithilfe des Baumdiagramms die Wahrscheinlichkeit für jeden der möglichen Summenwerte.

b) Untersuchen Sie, ob die Ereignisse
E_1: „Der Summenwert ist eine gerade Zahl" und
E_2: „Beim ersten Wurf wurde die Zahl 1 geworfen"
voneinander unabhängig sind.

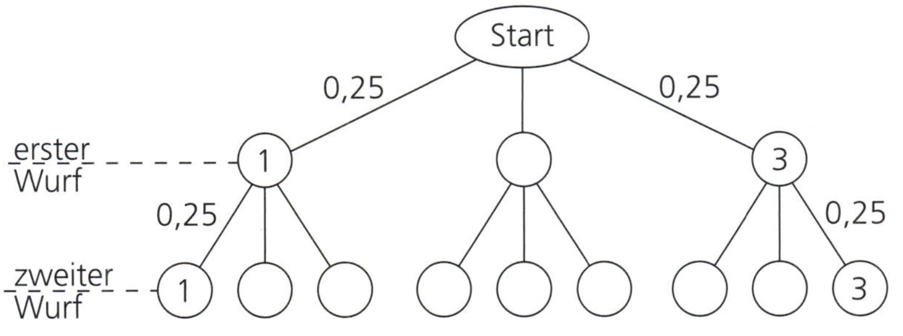

Summenwert	2							6
Wahrscheinlichkeit	$\frac{1}{16}$							$\frac{1}{16}$

5. Von den an einem Ärztekongress teilnehmenden Personen sind 40% **M**änner; 75% der Männer fahren mit dem **A**uto zum Tagungsort, während 50% der an diesem Kongress teilnehmenden Frauen mit dem Zug zum Tagungsort kommen.

	M	**F**	
kommt mit dem **A**uto			
kommt mit dem **Z**ug			

Untersuchen Sie, ob die Ereignisse
E_1: „Teilnehmende Person ist eine **F**rau" und
E_2: „Teilnehmende Person kommt mit dem **Z**ug"
voneinander abhängig sind.

6. Eine Umfrage unter den 449 Schülern und 547 Schülerinnen des Emmy-Noether-Gymnasiums ergab, dass 107 Jungen und 129 Mädchen eine Brille tragen. Bei 225 Schülern/Schülerinnen dieses Gymnasiums tragen beide Eltern eine Brille; in 82 dieser Fälle trägt der Sohn / die Tochter ebenfalls eine Brille. Untersuchen Sie, ob bei dieser Probandengruppe

a) das Sehvermögen der Jugendlichen vom Sehvermögen der Eltern stochastisch abhängig ist.

b) eine Abhängigkeit des Tragens einer Brille vom Geschlecht gefolgert werden kann.

1. Ein Fußballverein bietet seinen Fans zu den Auswärtsspielen jeweils eine Busfahrt an. Der Bus hat 50 Plätze. Aus Erfahrung weiß der Busfahrer, dass im Durchschnitt 8% der angemeldeten Personen zur Fahrt nicht erscheinen.

a) Wie viele verschiedene Sitzordnungen sind bei 50 Personen in einem Bus mit 50 Plätzen möglich?

b) Wie viele verschiedene Sitzordnungen sind in einem Bus mit 50 Plätzen möglich, wenn alle 50 mitfahrenden Personen paarweise kommen und diese Paare auch nebeneinander sitzen möchten?

c) Der Busfahrer nimmt 54 Anmeldungen an und hofft, dass mindestens 4 Personen nicht zur Fahrt erscheinen.
(1) Mit welcher Wahrscheinlichkeit erscheinen alle 54 angemeldeten Personen?
(2) Mit welcher Wahrscheinlichkeit erscheint genau eine der 54 angemeldeten Personen nicht?

d) Im Mittel sind 60% der Personen, die an der Fahrt teilnehmen, **J**ugendliche. Von ihnen kaufen 45% beim Busfahrer **G**etränke, während von den **E**rwachsenen 80% beim Busfahrer Getränke kaufen. Eine mitfahrende Person hat beim Busfahrer ein Getränk gekauft. Mit welcher Wahrscheinlichkeit handelt es sich bei dieser Person um einen Jugendlichen?

2. Bei einem Brettspiel, bei dem zuerst ein roter und dann ein blauer Laplace-Spielwürfel geworfen wird, verfolgen Anja, Benjamin, Christian und Daniela unterschiedliche Ziele:
Anja möchte, dass die Augensumme genau 7 ergibt.
Benjamin möchte, dass ein Pasch (zweimal die gleiche Augenanzahl) geworfen wird.
Christian möchte, dass der rote Würfel eine 6 anzeigt.
Daniela möchte, dass die Summe der Augenanzahlen mehr als 9 ergibt.

a) Zeigen Sie, dass jede der vier Personen die gleiche Gewinnchance hat.

b) Nun sollen Gruppen aus je zwei dieser vier Personen gebildet werden.
(1) Geben Sie alle möglichen Konstellationen von Spielerpaaren an.
(2) Welche Spieler haben „gegensätzliche" Interessen („unvereinbare Ereignisse") und werden daher sicher nicht zusammenarbeiten?
(3) Die Spieler welcher Spielerpaare haben Interessen, die voneinander stochastisch unabhängig sind? Interpretieren Sie die Bedeutung für das Agieren dieser Spieler im Spiel.

3. Ergänzen Sie die Vierfeldertafel und ermitteln Sie dann die Wahrscheinlichkeiten
$P(A \cap B) =$; $P(A \cup B) =$;
$P_B(A) =$; $P_A(B) =$;
$P_{\overline{B}}(A) =$ und $P_{\overline{A}}(B) =$.

	A	$\overline{A}$	
B	0,25		
$\overline{B}$		0,10	
	0,55		1,00

4. Ein Betrieb hat sich auf die Produktion von Handybauteilen spezialisiert. Erfahrungsgemäß sind 15% der produzierten Bauteile defekt. Einer Tagesproduktion werden 10 Bauteile entnommen. Mit welcher Wahrscheinlichkeit ist

a) genau ein Bauteil defekt?

b) höchstens ein Bauteil defekt?

c) mindestens ein Bauteil defekt?

Ein Prüfgerät zeigt ein defektes Handybauteil mit einer Wahrscheinlichkeit von 90% als defekt an; es zeigt aber fälschlicherweise ein nicht defektes Bauteil mit einer Wahrscheinlichkeit von 5% als defekt an. Erstellen Sie eine Vierfeldertafel und die beiden Baumdiagramme.

	Bauteil defekt	Bauteil nicht defekt	
Bauteil als defekt angezeigt			
Bauteil als nicht defekt angezeigt			

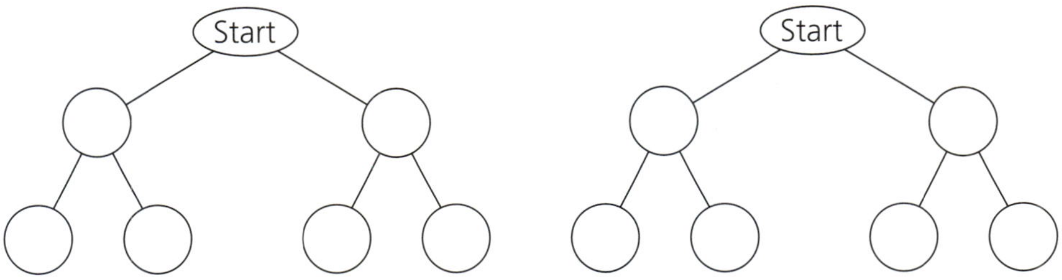

Mit welcher Wahrscheinlichkeit

d) wird das Bauteil vom Prüfgerät richtig beurteilt?

e) ist ein als defekt bezeichnetes Bauteil auch wirklich defekt?

f) ist ein als nicht defekt bezeichnetes Bauteil auch wirklich einwandfrei?

5. Bei einem Einstellungstest für den Polizeidienst kamen 40% der Bewerbungen von Frauen, von denen 90% den Test bestanden. Drei Viertel derjenigen Personen, die bei diesem Test scheiterten, waren Männer. Finden Sie heraus, wie viel Prozent der männlichen Teilnehmer den Test bestanden.

6. Durch eine Umfrage wird der Bekanntheitsgrad des neuen STARFIT-Müsli-Riegels bei Jugendlichen ermittelt. 16% der Befragten waren Jungen, die STARFIT nicht kannten; 52% aller befragten Jugendlichen waren Mädchen. Aus der Menge der befragten Jugendlichen wird zufällig eine Person ausgewählt. Die beiden Ereignisse

E_1: „Die befragte Person ist ein Junge" und

E_2: „Die befragte Person kennt STARFIT"

sind voneinander stochastisch unabhängig.

Finden Sie den Bekanntheitsgrad von STARFIT heraus.

7. In einer Urne sind 2 blaue und 6 weiße Kugeln, die sich nur durch ihre Farbe voneinander unterscheiden. In einem Zufallsexperiment wird eine Kugel gezogen; dann wird ihre Farbe notiert und die Kugel in die Urne zurückgemischt.

a) Dieses Experiment wird sechsmal durchgeführt. Geben Sie die Wahrscheinlichkeiten der Ereignisse E_1, E_2 und E_3 an:
E_1: „ Die sechste Kugel ist blau"
E_2: „Die erste und/oder die letzte Kugel ist blau"
$E_3 = E_1 \cap \overline{E_2}$

b) Mindestens wie oft muss man aus dieser Urne mit Zurücklegen ziehen, um mit einer Wahrscheinlichkeit von mehr als 99,5% mindestens eine blaue Kugel zu erhalten?

c) Nun wird stattdessen nach dem ersten Zug nicht nur die gezogene Kugel, sondern noch eine weitere Kugel der gleichen Farbe in die Urne gelegt. Beim zweiten Zug wird genauso verfahren wie beim ersten, sodass nach dem zweiten Zug 10 Kugeln in der Urne liegen.
(1) Geben Sie mithilfe eines Baumdiagramms alle möglichen Urneninhalte nach dem zweiten Zug an.

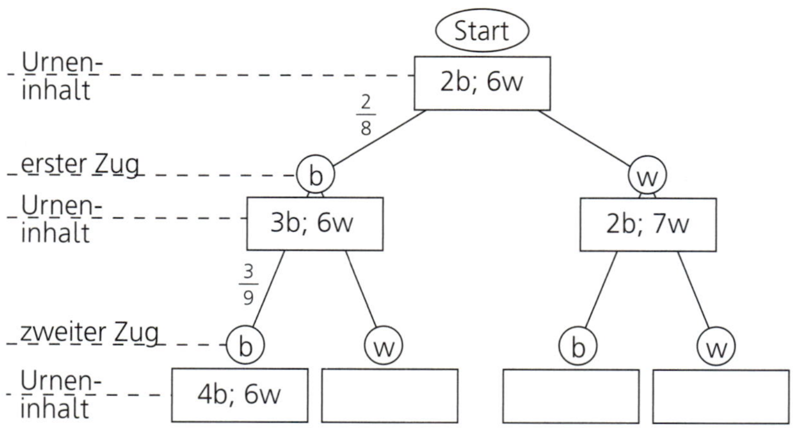

(2) Berechnen Sie die Wahrscheinlichkeit, dass nach dem zweiten Zug 3 blaue und 7 weiße Kugeln in der Urne liegen.
(3) Untersuchen Sie, ob die folgenden Ereignisse voneinander stochastisch unabhängig sind:
E_4:„Die erste Kugel ist blau" und E_5: „Die zweite Kugel ist weiß".

8. Untersuchen Sie anhand der Vierfeldertafel bei jeder der folgenden Aussagen, ob sie wahr ist:

	A	$\overline{A}$	
B	15%	55%	70%
$\overline{B}$	10%	20%	30%
	25%	75%	100%

a) Die Wahrscheinlichkeit, dass das Ereignis A oder das Ereignis B eintritt, ist 65%.

b) Die Wahrscheinlichkeit, dass entweder das Ereignis A oder das Ereignis B eintritt, ist 65%.

c) $P_A(B) = 60\%$

d) $P_{\overline{B}}(A) = 33\frac{1}{3}\%$

e) $P_A(\overline{B}) = 30\%$

f) $P(\overline{A} \cap \overline{B}) = P(\overline{A}) \cdot P(\overline{B})$

9. Der Schulsprecher **F**elix sowie die drei Schüler **C**laus, **D**irk, und **E**gon und die drei Schülerinnen **G**esa, **H**ilde und **I**sabel treffen sich zur einer Sitzung. Die Abbildung zeigt die Anordnung der Stühle. Geben Sie jeweils an, wie viele verschiedene Möglichkeiten für eine Sitzordnug es gibt, wenn Felix stets den Platz „in der Mitte" einnimmt

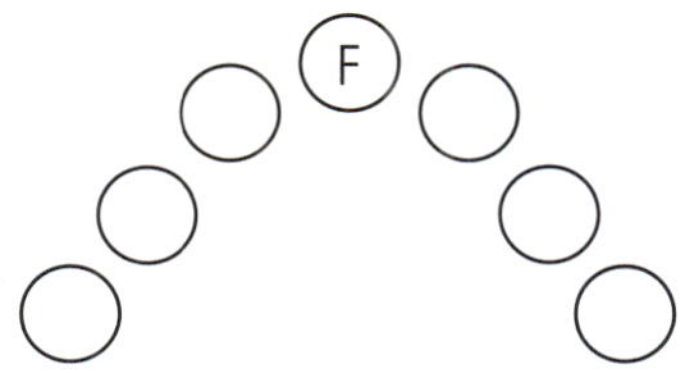

a) und sonst keinerlei Einschränkungen gelten.

b) und die drei Schülerinnen nebeneinander sitzen.

c) und Gesa und Isabel neben Felix sitzen.

10. Es ist P(A) = 0,70; P(B) = 0,40 und P(A ∪ B) = 0,81. Ermitteln Sie die bedingten Wahrscheinlichkeiten $P_B(A)$, $P_A(B)$ sowie $P_{\overline{A}}(\overline{B})$.

11. Für die beiden untereinander unvereinbaren Ereignisse A und B über demselben Ergebnisraum Ω gilt P(A) = a und P(B) = b mit 0 < a, b, a + b < 1. Zeigen Sie, dass $P_{A \cup B}(B) = \frac{b}{a+b}$ ist.

12. Das Kopfschmerzmittel Dolocap führt mit der Wahrscheinlichkeit p, das Magenschmerzmittel Gastralgon mit der Wahrscheinlichkeit p* zu Nebenwirkungen; die beiden Medikamente beeinflussen einander in ihrer Wirkung und in ihren Nebenwirkungen nicht.
Ergänzen Sie die Vierfeldertafel und das Baumdiagramm.

	Dolocap (ohne Nebenwirkungen)	Dolocap (mit Nebenwirkungen)	
Gastralgon (ohne Nebenwirkungen)			0,92
Gastralgon (mit Nebenwirkungen)			
	0,88		1,00

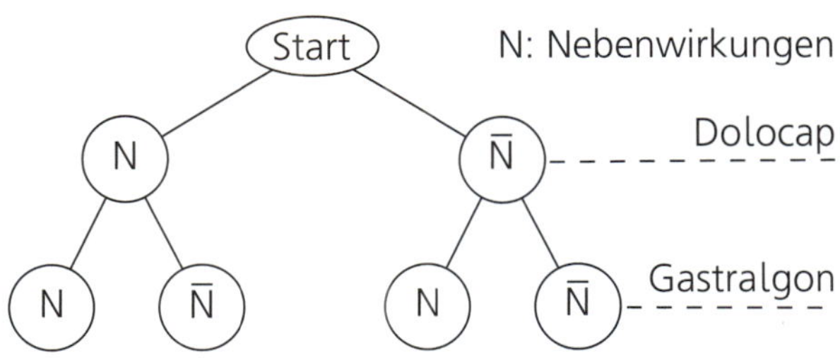

Dr. Mayer verordnet an einem Tag das Medikament Dolocap zehnmal. Mit welcher Wahrscheinlichkeit treten

a) bei mindestens einem b) bei genau einem c) bei höchstens einem

dieser zehn Patienten Nebenwirkungen auf?
Frau Knorr nimmt beide Medikamente ein. Finden Sie heraus, mit welcher Wahrscheinlichkeit bei ihr

d) keine Nebenwirkungen auftreten.

e) Nebenwirkungen von mindestens einem der Medikamente auftreten.

f) Nebenwirkungen von höchstens einem der Medikamente auftreten.

13. Der Betreiber eines Erlebnisparks befragt eine große Anzahl von Besuchern, ob sie aus der **R**egion kommen oder überregionale Besucher (**Ü**) sind. Ferner erkundigt er sich, ob sie mit dem **A**uto oder mit dem **B**us oder auf sonstige Weise (**S**) gekommen sind.
Die Befragung ergab, dass 45% der Befragten aus der Region kommen; von diesen Besuchern haben 68% das Auto und 28% den Bus benutzt. Von den überregionalen Besuchern sind 62% mit dem Auto und 36% mit dem Bus gekommen.

a) Zeichnen Sie ein Baumdiagramm und tragen Sie dann die Wahrscheinlichkeiten der sechs Elementarereignisse in die Tabelle ein.

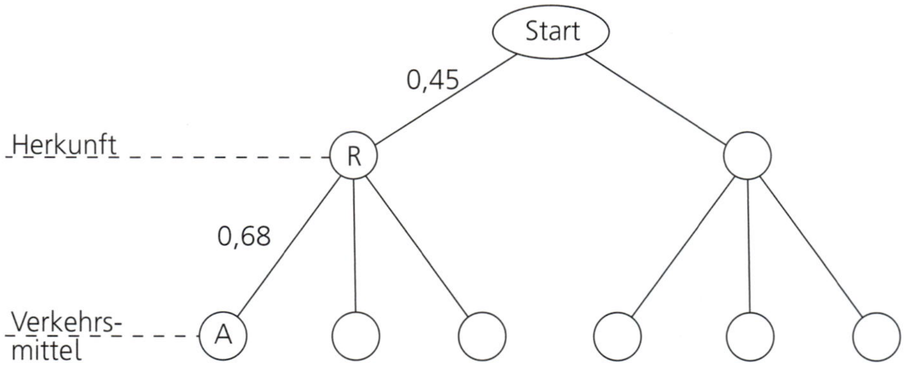

Elementarereignis	RA	RB	RS	ÜA	ÜB	ÜS
Wahrscheinlichkeit						

Geben Sie die folgenden Ereignisse in Mengenschreibweise an:
E_1(„Ein Besucher kommt nicht aus der Region oder er reist mit dem Bus an") = ______________

E_2 („Ein Besucher kommt aus der Region und er reist nicht mit dem Auto an") = ______________

b) An der Kasse des Erlebnisparks werden Bargeld und Kreditkarten akzeptiert. Die Wahrscheinlichkeit, dass ein Besucher mit Bargeld bezahlt, ist p. Im Folgenden werden zwölf zufällig ausgewählte Personen betrachtet.
(1) Mit welcher Wahrscheinlichkeit bezahlt im Fall $p = 0{,}8$ mindestens eine dieser zwölf Personen mit Kreditkarte?
(2) Finden Sie heraus, wie groß p mindestens sein muss, damit mit einer Wahrscheinlichkeit von mindestens 50% alle zwölf Personen mit Bargeld bezahlen.

c) Nach Angaben des Betreibers des Erlebnisparks gehen 75% der Besucher ins **V**arieté und 65% fahren mit dem **W**ildwasserboot, während 5% der Besucher keines dieser beiden Angebote nutzen.
(1) Beschreiben Sie die Ereignisse $E_3 = W \cap V$ und $E_4 = \overline{W \cup \overline{V}}$ in obigem Sachzusammenhang in Worten.
(2) Erstellen Sie eine Vierfeldertafel und berechnen Sie die Wahrscheinlichkeiten $P(E_3)$ und $P(E_4)$.

	V	$\overline{V}$	
W			
$\overline{W}$			
			1,00

Untersuchen Sie, ob die Ereignisse W und V voneinander stochastisch unabhängig sind.

14. Es ist $P(E_1) = 0{,}7$; $P(E_2) = 0{,}4$; $P(E_1 \cap E_2) = 0{,}3$.
Ergänzen Sie zunächst die Vierfeldertafel.

Ermitteln Sie dann

a) $P(\overline{E_1}) =$

b) $P(E_1 \cup E_2) =$

c) $P(E_1 \cup \overline{E_2}) =$

d) $P_{E_1}(E_2) =$

15. Es ist $P(\overline{E_1}) = 0{,}3$; $P(E_1 \cup E_2) = 0{,}8$; $P(E_1 \cap E_2) = 0{,}2$.
Ergänzen Sie zunächst die Vierfeldertafel.

Ermitteln Sie dann

a) $P(E_1) =$

b) $P(E_2) =$

c) $P(\overline{E_1} \cup \overline{E_2}) =$

d) $P_{E_2}(E_1) =$

16. Es ist $P(E_1) = 0{,}5$ und $P(E_2) = 0{,}2$, wobei die Ereignisse E_1 und E_2 voneinander stochastisch unabhängig sind. Ergänzen Sie zunächst die Vierfeldertafel.

Ermitteln Sie dann

a) $P(E_1 \cap E_2) =$

b) $P(\overline{E_1} \cup \overline{E_2}) =$

c) $P_{\overline{E_1}}(E_2) =$

17. Langjährige Beobachtungen an Jakobs Lieblingsferienort haben ergeben, dass dort auf einen Tag mit gutem Wetter mit einer Wahrscheinlichkeit von 75% wieder ein Tag mit gutem Wetter folgt, während auf einen Tag mit schlechtem Wetter mit einer Wahrscheinlichkeit von 20% ein Tag mit gutem Wetter folgt. Jakob kommt am Freitag an seinem Lieblingsferienort an und freut sich über das gute Wetter an diesem Tag. Mit welcher Wahrscheinlichkeit herrscht

a) am Samstag schlechtes Wetter?

b) am Samstag und am Sonntag gutes Wetter?

c) in Jakobs Ferienwoche (also von Samstag bis einschließlich Freitag) nur gutes Wetter?

d) am Samstag schlechtes Wetter, aber am Sonntag und am Montag gutes Wetter?

e) in Jakobs Ferienwoche (also von Samstag bis einschließlich Freitag) nur schlechtes Wetter?

18. Aus langjähriger Erfahrung weiß man, das 60% der Gäste eines Kurorts für das Sonntags-Kurkonzert eine Eintrittskarte kaufen. Ein Kurgast, der eine Eintrittskarte gekauft hat, kauft mit einer Wahrscheinlichkeit von 40% ein T-Shirt mit dem Logo des Kurorts. Ein Kurgast, der keine Eintrittskarte gekauft hat, kauft mit 70% Wahrscheinlichkeit ein T-Shirt mit dem Logo des Kurorts.
Renate hat ein T-Shirt mit dem Logo des Kurorts gekauft. Ergänzen Sie das Baumdiagramm und finden Sie heraus, mit welcher Wahrscheinlichkeit Renate eine Eintrittskarte gekauft hat.

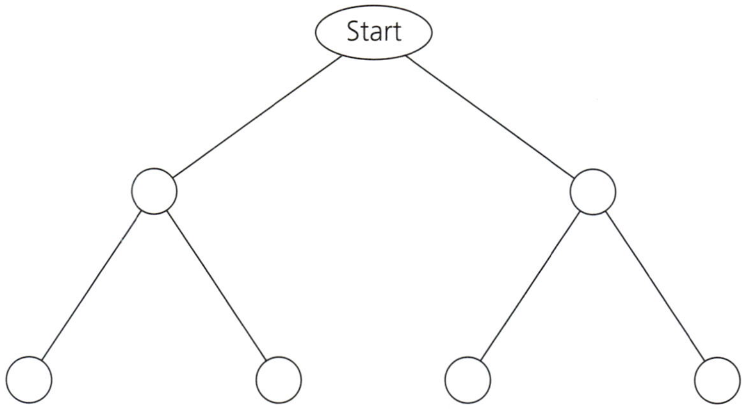

ABI 19. Insgesamt p% der Patienten einer Praxis leiden an einer Infektion durch den M-Virus. Der Nachweis dieser Krankheit durch einen Bluttest ist nicht zuverlässig: Falls jemand vom M-Virus befallen ist, dann diagnostiziert der Bluttest dies nur mit einer Wahrscheinlichkeit von 90%; falls jemand nicht infiziert ist, dann diagnostiziert der Bluttest in 5% dieser Fälle trotzdem eine M-Virus-Infektion.
Zeigen Sie, dass die Wahrscheinlichkeit, dass ein Patient tatsächlich infiziert ist, falls der Bluttest dies diagnostiziert, $\frac{0,9p}{0,85p + 5}$ beträgt. Für welche Werte von p ist diese Wahrscheinlichkeit größer als 90%?

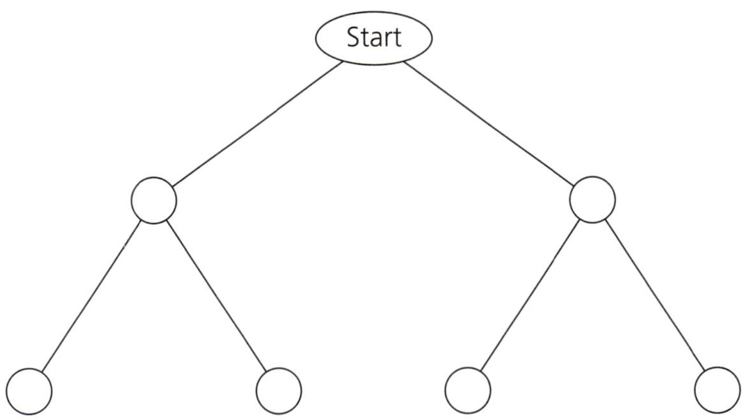

ABI 20. Eine Elektronikfirma vertreibt Geräte, die im Wesentlichen aus den beiden Bauteilen A und B bestehen. Während des Garantiezeitraums werden erfahrungsgemäß d% der Geräte defekt. Die defekten Geräte lassen sich in drei Klassen aufteilen: Klasse (1) enthält die Geräte, in denen nur Teil A defekt ist, Klasse (2) enthält die Geräte, in denen nur Teil B defekt ist, und Klasse (3) enthält die Geräte, in denen sowohl Teil A wie auch Teil B defekt ist. Die auf die Klassen (1), (2) und (3) entfallenden Geräteanzahlen verhalten sich wie 7 : 2 : 1.

a) Wie groß ist die (bedingte) Wahrscheinlichkeit, dass in einem Garantiefall nur das Teil A ersetzt werden muss?

b) Für welche Werte von d sind die Ereignisse „Teil A ist defekt" und „Teil B ist defekt" voneinander stochastisch abhängig?

c) Mit welcher Wahrscheinlichkeit ist in einem Gerät Teil B defekt, wenn man bereits weiß, dass Teil A defekt ist?

d) Wie hoch sind die durchschnittlichen Reparaturkosten, wenn die Reparatur von Teil A 30 € und die Reparatur von Teil B 50 € kostet?

ABI 21. Der Basketballspieler „Long Joe" hat bei einem Freiwurf erfahrungsgemäß eine Trefferquote von 75 %. In einer Spielsituation erhält er zwei Freiwürfe zugesprochen. Mit welcher Wahrscheinlichkeit trifft er

a) beide Male?

b) mindestens einmal?

c) genau einmal?

d) nur beim ersten Mal?

Wie viele Freiwürfe müsste „Long Joe" mindestens vornehmen, um mit einer Wahrscheinlichkeit von mehr als 99% mindestens einen Treffer zu erzielen?

ABI 22. An einem Aufnahmetest einer Universität haben 1 000 Abiturienten teilgenommen; 600 von ihnen hatten Vorbereitungskurse besucht. Das Testergebnis geht aus der nebenstehenden Vierfeldertafel hervor:

	Test bestanden: ja	Test bestanden: nein	
Anzahl der Abiturienten ohne Kursbesuch	100	300	400
Anzahl der Abiturienten mit Kursbesuch	550	50	600
	650	350	1 000

Für einen zufällig ausgewählten Abiturienten interessieren die Ereignisse

C: „Der Abiturient hatte keinen Kurs besucht" und

D: „Der Abiturient hat den Test bestanden".

a) Untersuchen Sie, ob die Ereignisse C und D voneinander stochastisch unabhängig sind.

b) Formulieren Sie die Ereignisse mit den Wahrscheinlichkeiten $P_C(D)$ und $P_{\overline{C}}(D)$ in Worten und berechnen Sie dann diese beiden Wahrscheinlichkeiten.

23. Geschicktes Abzählen

Wenn Sie die in den beiden Tabellen über den Lösungen angegebenen Silben usw. in der Reihenfolge der Teilaufgaben aneinander reihen, erhalten Sie den Lösungssatz.

a) Wie viele unterschiedliche dreigängige Menüs können zusammengestellt werden, wenn auf der Speisekarte drei Vorspeisen, fünf Hauptgerichte und vier Nachspeisen angeboten werden?

b) Wie viele verschiedene fünfstellige natürliche Zahlen kann man mit den Ziffern 1, 2, 3, 4 und 5 bilden, wenn jede dieser Ziffern auch öfter als einmal (oder auch gar nicht) verwendet wird?

c) Wie viele verschiedene fünfstellige natürliche Zahlen kann man mit den Ziffern 1, 2, 3, 4 und 0 bilden, wenn jede dieser Ziffern auch öfter als einmal (oder auch gar nicht) verwendet wird?

d) Auf wie viele verschiedene Arten kann man zwei rote Gummibärchen an drei Personen verteilen?

e) In wie vielen verschiedenen Reihenfolgen kann man die sieben Zwerge Bashful, Doc, Dopey, Grumpy, Happy, Sleepy und Sneezy nebeneinander anordnen?

f) Wie viele verschiedene Sitzordnungen gibt es, wenn sich Anna, Bea, Chris, Elif, René und Vroni nebeneinander auf eine Bank setzen?

g) Wie viele verschiedene Sitzordnungen gibt es, wenn sich Anna, Bea, Chris, Elif, René und Vroni an einen runden Tisch setzen, bei dem kein Platz „ausgezeichnet" ist?

h) Wie viele verschiedene Sitzordnungen gibt es, wenn sich Anna, Bea, Chris, Elif, René und Vroni nebeneinander auf eine Bank setzen, wobei Bea und Vroni nebeneinander in der Mitte sitzen?

i) Laura soll drei gleiche Äpfel an Gregor und Lucas verteilen (ohne die Äpfel zu zerschneiden). Auf wie viele verschieden Arten kann sie dies tun?

j) Auf wie viele verschiedene Arten kann man vier gleiche Äpfel an Laura, Lucas und Sophie verteilen, ohne die Äpfel zu zerschneiden?

k) In wie vielen verschiedenen Reihenfolgen kann man die Buchstaben des Namens ANJA nebeneinander anordnen?

l) Lauras kleiner Bruder Simon hat zu seinem Geburtstag sieben Kinder eingeladen. Zu trinken gibt es Orangensaft. Jedes Kind stößt mit jedem anderen Kind genau einmal an. Wie oft klingen die Gläser?

m) Bei Simons Geburtstagsfeier gibt es fünf verschiedene Sorten Eis: Erdbeere, Himbeere, Schokolade, Vanille und Zitrone. Jedes Kind darf sich zwei Kugeln unterschiedlicher Sorten aussuchen. Wie viele verschiedene Kombinationen sind möglich?

n) In einer Eisdiele gibt es zwölf verschiedene Sorten Eis: Ananas, Blaubeere, Cola, Erdbeere, Himbeere, Joghurt, Mango, Orange, Schokolade, Vanille, Walnuss und Zitrone. Jeder Teilnehmer / jede Teilnehmerin der Theatergruppe darf sich zwei Kugeln unterschiedlicher Sorten aussuchen. Wie viele verschiedene Kombinationen sind möglich?

o) Auf wie viele verschiedene Arten kann man die Zahl 2 000 als Produkt zweier natürlicher Zahlen darstellen?

p) Auf wie viele verschiedene Arten kann man die Zahl 144 als Produkt zweier natürlicher Zahlen darstellen, wenn der zweite Faktor kleiner als der erste sein soll?

q) Ein Würfel trägt auf seinen sechs Flächen die Zahlen 1; 1; 1; 1; 6 bzw. 6. Er wird dreimal geworfen. Wie viele verschiedene Ergebnisse sind möglich?

r) Ein Schaufenster soll mit 18 Glühlampen, die sich nur durch ihre Farbe voneinander unterscheiden, dekoriert werden. Es stehen 4 rote, 5 grüne, 3 gelbe und 6 blaue Glühlampen zur Verfügung. Wie viele verschiedene Anordnungsmöglichkeiten gibt es, wenn die Glühlampen in einer Reihe angeordnet werden und sich die gleichfarbigen jeweils nebeneinander befinden sollen?

ne	Ant	du	Wenn	langst	ei	wei	ver	gen.
6	120	28	60	15	2 500	5 040	10	8

ver	se	du	nünf	musst	tig	wort	fra	(Goethe)
4	720	3 125	66	12	20	48	7	24

Lösungsssatz: ____

24. Wahrscheinlichkeiten „kreuz und quer"

Lösen Sie die zwölf Aufgaben im Kopf oder auf einem Extrablatt.
Wenn Sie die in der Tabelle über den Lösungen angegebenen Silben usw. in der Reihenfolge der Teilaufgaben aneinander reihen, erhalten Sie den Lösungssatz.

a) Ein Laplace-Tetraeder trägt auf seinen vier Flächen die Zahlen 1; 2; 3 bzw. 4. Die unten liegende Zahl gilt als geworfen. Wie oft muss man das Tetraeder mindestens werfen, um mit einer Wahrscheinlichkeit von mehr als 90% mindestens einmal die Zahl 1 zu werfen?

b) Das Laplace-Tetraeder von Teilaufgabe a) wird dreimal geworfen. Mit welcher Wahrscheinlichkeit erscheint jede der Zahlen 1; 2 und 3 genau einmal?

c) Ein Laplace-Würfel trägt auf seinen Flächen die Zahlen 1; 1; 3; 3; 5 bzw. 5. Mit welcher Wahrscheinlichkeit fällt beim vierten Wurf erstmals die Zahl 1?

d) Ein Laplace-Würfel trägt auf seinen Flächen die Zahlen 2; 2; 4; 4; 6 bzw. 6. Wie groß ist die Wahrscheinlichkeit, dass bei fünfmaligem Würfeln einmal die Zahl 2 und viermal die Zahl 6 erscheint?

e) In einer Urne befinden sich zehn Kugeln, die mit den natürlichen Zahlen von 1 bis 10 beschriftet sind, sich aber sonst nicht voneinander unterscheiden. Bei einem Zufallsexperiment werden zwei Kugeln auf einmal gezogen und dann wieder zurückgelegt. Mit welcher Wahrscheinlichkeit ist keine der Zahlen auf diesen beiden Kugeln größer als 6?

f) Aus der Urne von Teilaufgabe e) werden zwei Kugeln auf einmal gezogen und dann wieder zurückgelegt. Mindestens wie oft muss man dieses Zufallsexperiment durchführen, damit man mit einer Wahrscheinlichkeit von mehr als 95% mindestens einmal eine 10 erhält?

g) In einer Urne sind acht gleichartige Kugeln. Fünf davon sind weiß und tragen die natürlichen Zahlen von 1 bis 5; drei sind rot und tragen die natürlichen Zahlen von 6 bis 8. Mindestens wie oft muss man aus dieser Urne je eine Kugel (mit Zurücklegen) ziehen, um mit mehr als 99,5% Wahrscheinlichkeit mindestens eine rote Kugel zu ziehen?

h) Kathrin entnimmt der Urne von Teilaufgabe g) drei Kugeln auf einmal. Mit welcher Wahrscheinlichkeit sind dies zwei rote Kugeln und eine weiße Kugel?

i) Kathrin entnimmt der Urne von Teilaufgabe g) drei Kugeln auf einmal. Mit welcher Wahrscheinlichkeit sind unter ihnen die beiden Kugeln mit den Zahlen 7 und 8?

j) Wie hoch ist der Anteil der Schwarzfahrer unter allen Fahrgästen der Städtischen Verkehrsbetriebe mindestens, wenn mit einer Wahrscheinlichkeit von mindestens 99% unter hundert zufällig ausgewählten Fahrgästen mindestens ein Schwarzfahrer ist?

k) Jakob hat bankfrische Geldscheine: zwei 50-€-Scheine, drei 20-€-Scheine und fünf 10-€-Scheine. Wie viele verschiedene Möglichkeiten hat er, diese zehn Scheine nebeneinander auf den Tisch zu legen, wenn er dabei die Nummern der Scheine nicht beachtet?

l) Wie viele verschiedene Möglichkeiten hat Jakob, die zehn Scheine von Teilaufgabe k) nebeneinander so auf den Tisch zu legen, dass jeweils alle Scheine mit gleichem Nennwert nebeneinander liegen, wenn er dabei die Nummern der Scheine nicht beachtet?

ho	manch	die	wech	Zum	muss	Über	Spur	seln.	mal	man	len
9,9%	12	10,7%	2 520	9	33,3%	9,4%	4,6%	6	26,8%	14	2,1%

Lösungsssatz: ____

____

25. a) Als „Haupttreffer" gilt, bei gleichzeitigem Werfen von fünf Spielwürfeln fünf gleiche Augenanzahlen zu werfen. Lucas wirft fünf Laplace-Spielwürfel gleichzeitig. Wie groß ist die Wahrscheinlichkeit, dass er einen „Haupttreffer" erzielt?

b) Ein „Full House" erzielt man, wenn man bei gleichzeitigem Werfen von fünf Spielwürfeln Augenanzahlen wirft, von denen drei untereinander gleich sind und die beiden übrigen ebenfalls untereinander gleich sind. (Jeder „Haupttreffer" [vgl. Teilaufgabe a)] ist also ebenfalls ein „Full House"). Jakob wirft fünf Laplace-Spielwürfel gleichzeitig. Mit welcher Wahrscheinlichkeit erzielt er ein „Full House"?

c) Eine „Große Straße" bedeutet, bei gleichzeitigem Werfen von fünf Spielwürfeln entweder alle Augenanzahlen von eins bis fünf oder alle Augenanzahlen von zwei bis sechs zu werfen. Kathrin wirft fünf Laplace-Spielwürfel gleichzeitig. Wie groß ist die Wahrscheinlichkeit, dass sie eine „Große Straße" erzielt?

Ordnen Sie die Lösungsansätze den Teilaufgaben a) bis c) zu und berechnen Sie dann die Wahrscheinlichkeiten auf Zehntel Prozent genau.

I $2 \cdot (5!) \cdot \left(\frac{1}{6}\right)^5 \approx$ __________ gehört zu Teilaufgabe __________ .

II $1 \cdot \left(\frac{1}{6}\right)^4 \approx$ __________ gehört zu Teilaufgabe __________ .

III $6 \cdot \frac{5!}{3! \cdot 2!} \cdot \left(\frac{1}{6}\right)^3 \cdot \frac{5}{6} \cdot \frac{1}{6} + \left(\frac{1}{6}\right)^4 \approx$ __________ gehört zu Teilaufgabe __________.

1. Gegeben ist jeweils eine Wahrscheinlichkeitsverteilung in Form einer Tabelle; vervollständigen Sie sie und ermitteln Sie den Erwartungswert und die Standardabweichung.

a)

x	−10	0	10	100
P(X = x)	0,125	0,375	0,450	

P(X = 100) = ____________________

E(X) = ____________________

σ = ____________________

b)

x	−100	0	10	1 000
P(X = x)	0,20	10a =	5a =	a =

Berechnung von a: ____________________

E(X) = ____________________

σ = ____________________

2. Beim Roulettespiel setzt Jakob 10 € auf *Schwarz*; Kathrin setzt 10 € auf *13*. Ergänzen Sie die Tabellen und berechnen Sie jeweils den Erwartungswert und die Standardabweichung der Zufallsgröße „Gewinn". Beurteilen Sie die Ergebnisse.

Hinweis: Die Zufallsgröße „Gewinn" kann auch negative Werte besitzen.

Jakob:

x	−10 €	10 €
P(X = x)	$\frac{19}{37}$	$\frac{18}{37}$

E(X) = ____________________

σ = ____________________

Kathrin:

x	−10 €	350 €
P(X = x)	$\frac{36}{37}$	$\frac{1}{37}$

E(X) = ____________________

σ = ____________________

Beurteilung:

____

____

____

3. In einer Urne befinden sich 20 Kugeln, und zwar 16 weiße und 4 schwarze; aus ihr werden nacheinander ohne Zurücklegen zwei Kugeln zufällig entnommen. Die Zufallsgröße X ist die Anzahl der dabei gezogenen schwarzen Kugeln.
Zeichnen Sie ein Baumdiagramm, geben Sie die Wahrscheinlichkeitsverteilung in einer Tabelle an und berechnen Sie den Erwartungswert und die Standardabweichung.

Baumdiagramm:

Wahrscheinlichkeitsverteilung:

x	0	1	2
P(X = x)			

E(X) =

σ =

ABI 4. Der LAPLO-Verlag hat ein neues Gesellschaftspiel entwickelt, bei dem neben Laplace-Spielwürfeln auch spezielle VEGAS-Würfel verwendet werden, die sich äußerlich von den Laplace-Würfeln nicht unterscheiden. Die VEGAS-Würfel zeigen jedoch die Augenanzahl 6 mit der Wahrscheinlichkeit $\frac{1}{3}$, während die anderen fünf Augenanzahlen untereinander gleich wahrscheinlich sind. Zeigen Sie, dass der Erwartungswert der Zufallsgröße „Augenanzahl bei einmaligem Werfen eines VEGAS-Würfels" 4 ist.

5. Eine Laplace-Münze wird so oft geworfen, bis zum ersten Mal Wappen erscheint, jedoch höchstens dreimal. Die Anzahl der Würfe bis zum Spielende sei X; $X \in \{1; 2; 3\}$. Ergänzen Sie die Tabelle und ermitteln Sie dann den Erwartungswert $\mu = E(X)$ sowie die Standardabweichung σ.

x	1	2	3
P(X = x)			

E(X) =

σ =

6. Auf den zwölf jeweils gleich großen Sektoren des abgebildeten Laplace-Glücksrads steht, welchen Betrag (in €) man gewinnt, wenn der Zeiger auf dieses Feld zeigt. Ergänzen Sie die Tabelle und finden Sie heraus, welcher Betrag auf lange Sicht im Mittel ausbezahlt wird.

x	0	1	2	5	10
P(X = x)	$\frac{4}{12}$				

ABI 7. Die Zufallsgröße X mit der Wertemenge {0; 1; 2; 3} und dem Erwartungswert 1 hat die Wahrscheinlichkeitsverteilung $P(X = k) = \frac{a-k}{a} \cdot 0{,}4$ mit $k \in \{0; 1; 2; 3\}$ und $a \in \mathbb{R}^+$.

a) Berechnen Sie den Wert des Parameters a und geben Sie die Wahrscheinlichkeitsverteilung an.

x	0	1	2	3
P(X = x)				

b) Die Zufallsgröße X gibt die Anzahl der Treffer bei einem dreistufigen Zufallsexperiment an. Dieses Zufallsexperiment wird durch das untenstehende Baumdiagramm (T: Treffer; N: Niete) beschrieben. Berechnen Sie p_1 und p_4 und ermitteln Sie je einen möglichen Wert für p_2 und p_3, sodass sich mit diesen Werten die Wahrscheinlichkeitsverteilung der Zufallsgröße X richtig ergibt.

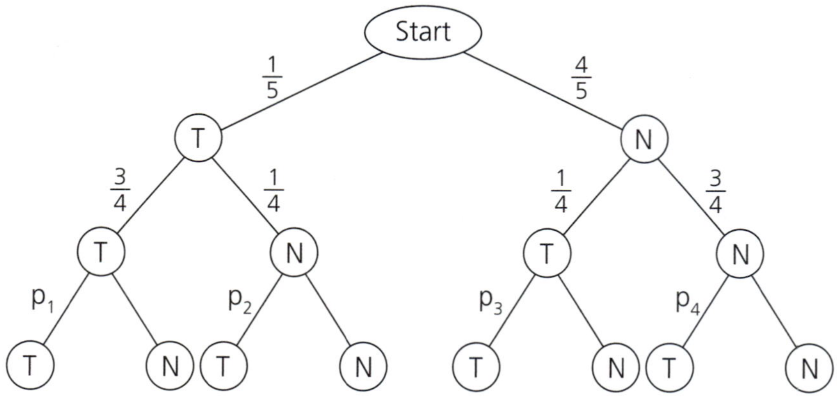

Anzahl der Treffer: 3 2

ABI 8. Die Firma LAVABO stellt Designerwaschbecken her. Zur Produktion der Waschbecken gehören unabhängig voneinander die Arbeitsgänge „Färben" und „Glasieren".
Aus Erfahrung weiß man, dass 90% der Waschbecken fehlerfrei gefärbt sind; 7% haben geringfügige Farbfehler, und 3% sind Ausschuss. Unabhängig von eventuellen Farbfehlern werden alle hergestellten Waschbecken glasiert; 94% werden fehlerfrei glasiert, 4% haben geringfügige Glasurfehler, und 2% sind Ausschuss. Fehlerfreie Waschbecken („1. Wahl") werden zum vollen Preis, Waschbecken mit geringfügigen Farb- *oder aber* Glasurfehlern („2. Wahl") werden zum halben Preis, und Waschbecken mit geringfügigen Farb- *und* Glasurfehlern („3. Wahl") werden zu einem Viertel des regulären Preises verkauft. Pro Ausschusswaschbecken entsteht ein Verlust von 50 €.
Finden Sie heraus, welcher Preis für ein fehlerfreies Waschbecken festgelegt werden muss, wenn der Durchschnittspreis pro Waschbecken 240 € betragen soll.

Baumdiagramm:

Rechnung:

ABI 9. Ein Gerätehersteller führt vor jeder größeren Lieferung folgenden Test durch: Es werden nacheinander so lange Geräte „mit Zurücklegen" geprüft, bis entweder das zweite einwandfreie oder das zweite defekte Gerät aufgetreten ist. Im ersten Fall wird die Lieferung freigegeben; im zweiten Fall wird sie zurückbehalten.

a) Ergänzen Sie das Baumdiagramm und geben Sie einen passenden Ergebnisraum an.
E: „Gerät ist einwandfrei"
$\overline{E}$: „Gerät ist defekt"

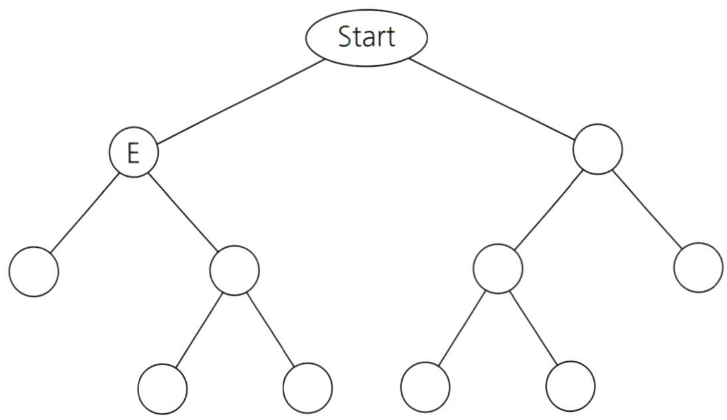

b) Geben Sie die Wahrscheinlichkeit des Ereignisses L: „Es wird geliefert" in Abhängigkeit vom Anteil p ($0 < p < 1$) der defekten Geräte an.
Zur Kontrolle: $P(L) = (2p + 1)(1 - p)^2$
Weisen Sie mit Methoden der Differentialrechnung nach, dass P(L) mit zunehmendem p streng monoton abnimmt.

c) Die Zufallsgröße X gibt die Anzahl der zu prüfenden Geräte an. Bestätigen Sie zunächst, dass $P(X = 2) = 1 - 2p + 2p^2$ und $P(X = 3) = 2p(1 - p)$ ist, und dann, dass $E(X) = 2(1 + p - p^2)$ ist. Für welchen Wert von p müssen im Durchschnitt die meisten Geräte geprüft werden?

ABI 10. Im Spielsalon des Kreuzfahrtschiffs *Regina Isabella* wird folgendes Spiel angeboten:
Für einen Einsatz von 5 € wirft der Spieler / die Spielerin einen Laplace-Spielwürfel dreimal.
Für jede geworfene 1 wird ein Betrag von 6 € ausbezahlt. Zufallsgröße X ist die Anzahl der bei diesem Spiel erzielten „Einsen".

a) Geben Sie die Wahrscheinlichkeitsverteilung von X an und stellen Sie sie graphisch durch ein Strichdiagramm dar.

x	0	1	2	3
P(X = x)				

b) Berechnen Sie den Erwartungswert E(X) und die Standardabweichung σ.

c) Finden Sie heraus, ob die Bank bei diesem Spiel „auf lange Sicht" mit Gewinn rechnen kann.

ABI 11. Ein Wartungsbetrieb für Geschirrspülmaschinen hat festgestellt, dass die Defekte bei Spülmaschinen des Typs *Facile* genau drei (einander ausschließenden) Fehlerkategorien F_1, F_2 bzw. F_3 zugeordnet werden können; F_1 tritt in 70%, F_2 in 15% der Schadensfälle auf. Die Reparaturkosten betragen 100 € bei F_1, 80 € bei F_2 und 60 € bei F_3.
Eine Spülmaschine des Typs *Facile*, die Fehler F_1 aufweist, hat zu 90% „Wasserschaden"; bei Fehler F_2 hat die Spülmaschine zu 50% „Wasserschaden", und bei Fehler F_3 tritt kein „Wasserschaden" auf.

a) Bei einem Reparaturfall hat die Spülmaschine „Wasserschaden". Berechnen Sie die Wahrscheinlichkeit, dass bei dieser Spülmaschine der Fehler F_1 vorliegt.

b) Bei einem Reparaturfall liegt bei einer Spülmaschine der Fehler F_1 vor. Mit welcher Wahrscheinlichkeit hat diese Spülmaschine auch „Wasserschaden"?

c) Berechnen Sie den Erwartungswert der Reparaturkosten für eine Spülmaschine mit „Wasserschaden".

Baumdiagramm:

Reparaturkosten X für eine Spülmaschine mit „Wasserschaden":

Fehler	F_1	F_2
x	100 €	80 €
P(X = x)		

Erwartungswert:

E(X) =

12. Bei einer Lotterie gewinnt man bei 1% der Lose je 100 €, bei 5% der Lose je 10 € und bei 25% der Lose je 1 €; die restlichen 69% der Lose sind „Nieten". Finden Sie heraus, wie viel ein Los kosten muss,

a) damit der Lotterieveranstalter „auf lange Sicht" keinen Gewinn hat.

b) damit der Lotterieveranstalter „auf lange Sicht" im Mittel pro Los 1 € gewinnt.

13. Die Sektoren der drei abgebildeten Laplace-Glücksräder sind jeweils gleich groß. Bei einem Spiel wird das jeweilige Glücksrad genau einmal gedreht; die Auszahlungsbeträge (in €) sind auf den Sektoren angegeben.
Finden Sie jeweils heraus, welcher Einsatz erforderlich ist, damit das Spiel fair ist.

a)

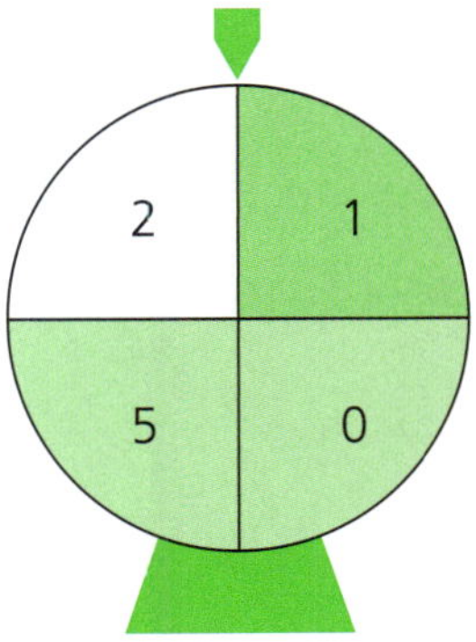

b)

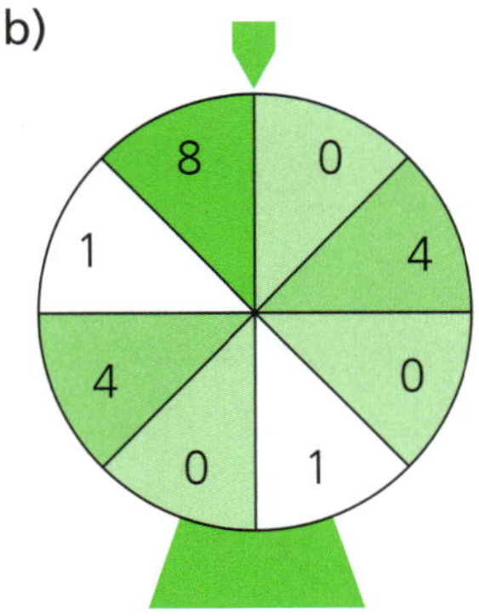

c)

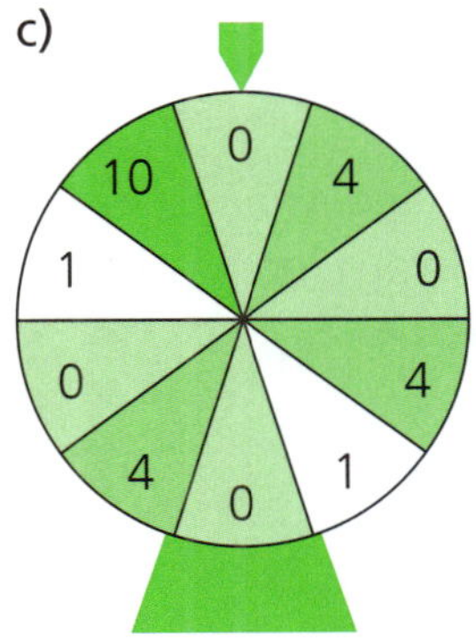

ABI 14. Mit einem Laplace-Tetraeder, das auf seinen vier Flächen die Zahlen 1, 2, 3 bzw. 4 trägt, wird zweimal „gewürfelt". Es gilt die Zahl als geworfen, die auf der unten liegenden Fläche des Tetraeders steht.

a) Berechnen Sie die Wahrscheinlichkeiten $P(E_1)$ und $P(E_2)$ der beiden Ereignisse
E_1: „Das Ergebnis des ersten Wurfs ist kleiner als 3; der zweite Wurf liefert eine ungerade Zahl" sowie
E_2: „Der Summenwert der beiden geworfenen Zahlen ist eine ungerade Zahl".
Untersuchen Sie, ob die beiden Ereignisse E_1 und E_2 voneinander stochastisch abhängig sind. Ergänzen Sie dazu die Tabelle.

1. Wurf	1	1	1	1	2	2	2	2	3	3	3	3	4	4	4	4
2. Wurf	1	2	3	4	1	2	3	4	1	2	3	4	1	2	3	4
Summenwert	2	3														
E_1	x															
E_2		x														
$E_1 \cap E_2$																

b) Man benutzt das Tetraeder zu einem Glücksspiel. Jeder Spieler / jede Spielerin muss einen bestimmten Einsatz a € bezahlen. Ist bei zweimaligem Werfen der Summenwert der beiden geworfenen Zahlen

- 2 oder 8, so erhält der Spieler / die Spielerin 2 € ausbezahlt.
- 3 oder 7, so erhält der Spieler / die Spielerin 1 € ausbezahlt.
- 4 oder 5 oder 6, so erhält der Spieler / die Spielerin nichts ausbezahlt.

Schätzen Sie zunächst und berechnen Sie dann, wie hoch der Einsatz a € gewählt werden muss, damit das Spiel fair ist.

ABI 15. Ein „gezinktes" Tetraeder trägt auf seinen vier Flächen die Zahlen 1, 2, 3 bzw. 4. Es gilt die Zahl X als geworfen, die auf der unten liegenden Tetraederfläche steht. Die Zufallsgröße X hat die Wahrscheinlichkeitsverteilung $P(X = 1) = \frac{1}{4}$, $P(X = 2) = \frac{1}{3}$, $P(X = 3) = \frac{1}{4}$ und $P(X = 4) = \frac{1}{6}$.

(1) Das Tetraeder wird viermal geworfen, und aus den geworfenen Ziffern wird unter Beachtung der Reihenfolge eine vierstellige Zahl gebildet.

a) Wie viele verschiedene Zahlen können auftreten?

b) Wie viele verschiedene Zahlen mit genau drei gleichen Ziffern können auftreten?

c) Mit welcher Wahrscheinlichkeit tritt eine Zahl mit vier verschiedenen Ziffern auf? Ist diese Wahrscheinlichkeit größer als, ebenso groß wie oder kleiner als bei einem *Laplace*-Tetraeder?

(2) Ein Spiel besteht im einmaligen Werfen des Tetraeders; der Einsatz beträgt 5 €.

a) Berechnen Sie den Erwartungswert E(X).

b) Der Reingewinn G (in €) pro Spiel beträgt $G = 2 \cdot X - 5$. Geben Sie die Spielregel an und finden Sie heraus, ob das Spiel fair ist.

Ein Zufallsexperiment mit genau zwei möglichen Ergebnissen heißt **Bernoulli-Experiment**. Die beiden möglichen Ergebnisse bezeichnet man mit 1 (günstig; Treffer; Erfolg) bzw. mit 0 (ungünstig; Niete; Misserfolg) und die zugehörigen Wahrscheinlichkeiten mit $p = P(\{1\})$ bzw. mit $q = P(\{0\}) = 1 - p$. Die Ergebnismenge ist $\Omega = \{1; 0\}$.
Führt man dasselbe Bernoulli-Experiment unter jeweils gleichen Bedingungen mehrmals (n-mal; $n \in \mathbb{N}\backslash\{1\}$) unabhängig voneinander durch, so spricht man von einer **Bernoulli-Kette der Länge n**.

1. Fünf gleich gute Fußballspieler schießen nacheinander jeweils genau einmal auf ein Tor; die Trefferwahrscheinlichkeit p ist bei jedem von ihnen 0,8. Wie groß ist die Wahrscheinlichkeit, dass

a) jeder dieser Fußballspieler je einen Treffer erzielt? __________

b) keiner dieser Fußballspieler einen Treffer erzielt? __________

c) nur der erste und der letzte dieser Fußballspieler je einen Treffer erzielt? __________

d) genau vier dieser Fußballspieler je einen Treffer erzielen? __________

Mindestens wie viele gleich gute Fußballspieler (mit p = 0,8) müssen je einmal auf das Tor schießen, damit mit einer Wahrscheinlichkeit von mehr als 99% mindestens ein Tor fällt?

____

____

____

2. Jakob hat im Garten seines Onkels zehn Bio-Äpfel geerntet; er weiß aus Erfahrung, dass die Äpfel mit einer Wahrscheinlichkeit von 25% wurmstichig sind. Wie groß ist die Wahrscheinlichkeit, dass von diesen zehn Äpfeln

a) keiner wurmstichig ist? __________

b) genau einer wurmstichig ist? __________

c) mindestens einer wurmstichig ist? __________

d) höchstens einer wurmstichig ist? __________

ABI **3.** Die Firma LaLeLu GmbH stellt Schokoladefiguren her. Diese werden in Kartons zu je 12 Stück verpackt. Erfahrungsgemäß gehen 2% zu Bruch. Mit welcher Wahrscheinlichkeit enthält ein Karton

a) keine zerbrochene Figur? __________

b) genau eine zerbrochene Figur? __________

c) mindestens eine zerbrochene Figur? __________

Finden Sie heraus, mindestens wie viele Kartons überprüft werden müssen, um mit einer Wahrscheinlichkeit von mindestens 95% mindestens eine zerbrochene Figur zu finden.

ABI 4. Dorothea fährt stets entweder auf der kürzeren Route (1) oder auf der längeren Route (2) zum Tennisplatz. Die Wahl der Route trifft sie spontan. Auf der (kürzeren) Route (1) ist mit 80% Wahrscheinlichkeit mit Stau zu rechnen, auf der (längeren) Route (2) dagegen nur mit 45% Wahrscheinlichkeit. Am Ende der Tennissaison stellt sie fest, dass sie sich bei zwei Dritteln der Fahrten für die Route (2) entschieden hat.

Ergänzen Sie das Baumdiagramm. S: Stau
$\overline{S}$: kein Stau

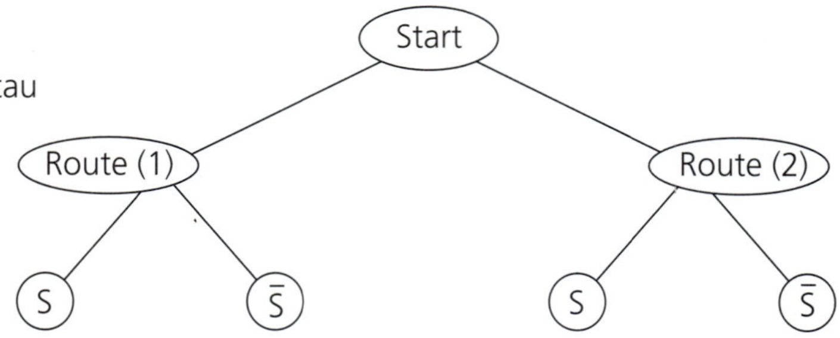

a) Formulieren Sie die Ereignisse mit den Wahrscheinlichkeiten P(S), P_S(Route (1)) bzw. $P_{\overline{S}}$(Route(2)) in Worten und berechnen Sie dann diese Wahrscheinlichkeiten.

b) Dorothea wählt viermal hintereinander die Route (1). Berechnen Sie die Wahrscheinlichkeit dafür, dass sie jedesmal in einen Stau gerät.

c) Dorothea wählt viermal hintereinander die Route (2). Berechnen Sie die Wahrscheinlichkeit dafür, dass sie genau dreimal in einen Stau gerät.

Begründen Sie, dass bei jeder Fahrt zum Tennisplatz zwei Bernoulli-Experimente ablaufen.

5. Untersuchen Sie jeweils, ob das angegebene Zufallsexperiment eine Bernoulli-Kette darstellt, und geben Sie ggf. die Trefferwahrscheinlichkeit p sowie die Kettenlänge n an.

a)	Die Treffsicherheit eines Schützen ist 60%; er schießt bei einem Wettbewerb genau zehnmal.
b)	Eine medizinische Untersuchung hat gezeigt, dass 20% aller Kinder Übergewicht haben. Bei 25 von 120 Schülern/Schülerinnen der fünften Klassen einer Schule wird Übergewicht festgestellt.
c)	In einer Urne sind genau 15 schwarze und 5 weiße Kugeln. Oliver zieht nacheinander sechs Kugeln mit Zurücklegen und hält die Anzahl X der gezogenen weißen Kugeln fest.
d)	Ein Chirurg weiß aus langjähriger Erfahrung, dass die Erfolgsaussichten bei einer bestimmten schwierigen Operation 75% betragen. In einer Woche führt er diese Operation 12-mal durch.
e)	In einer Urne sind genau 15 schwarze und 5 weiße Kugeln. Gitti zieht nacheinander sechs Kugeln ohne Zurücklegen und hält die Anzahl der gezogenen weißen Kugeln fest.
f)	Eine 2-€-(Laplace-) Münze wird 50-mal geworfen und die Anzahl der Wappen mit einer Strichliste ermittelt.

Urnenmodell: „Ziehen mit Zurücklegen"
Bei einer Bernoulli-Kette mit der Länge n und der Trefferwahrscheinlichkeit p gilt für die Wahrscheinlichkeit des Erzielens von genau k ($0 \leqq k \leqq n$) Treffern $\mathbf{P(X = k) = \binom{n}{k}\, p^k\, (1 - p)^{n-k}}$.
Urnenmodell: „Ziehen ohne Zurücklegen"
In einer Urne sind N Kugeln; S von ihnen sind schwarz und N – S weiß. Man zieht aus dieser Urne nacheinander genau n-mal je eine Kugel ohne Zurücklegen. Für die Wahrscheinlichkeit des Ziehens von genau k schwarzen Kugeln gilt $\mathbf{P(X = k) = \dfrac{\binom{S}{k} \cdot \binom{N-S}{n-k}}{\binom{N}{n}}}$.

6. Orientieren Sie sich zunächst, mithilfe welcher Taste(n) Ihres Taschenrechners Sie Werte von Binomialkoeffizienten finden können. Berechnen Sie dann (mit oder ohne Hilfe Ihres Taschenrechners) die angegebenen Binomialkoeffizienten.

a) $\binom{5}{2} =$ b) $\binom{7}{3} =$ c) $\binom{8}{1} =$

d) $\binom{13}{9} =$ e) $\binom{20}{8} =$ f) $\binom{50}{45} =$

g) $\binom{100}{96} =$ h) $\binom{25}{17} =$ i) $\binom{86}{84} =$

7. a) An einem Fußballturnier nehmen 16 Mannschaften teil. Wie viele Endspielkombinationen sind möglich? ______

b) Aus einem Kurs mit 24 Azubis sollen vier Azubis ausgewählt werden.
Wie viele verschiedene Auswahlmöglichkeiten gibt es? ______

c) Beim Lotto *6 aus 49* werden aus 49 Zahlen sechs Zahlen ausgewählt. Wie viele verschiedene Möglichkeiten gibt es hierfür? ______

d) Aus den 26 Buchstaben des Alphabets werden fünf verschiedene Buchstaben zufällig ausgewählt.
Wie groß ist die Wahrscheinlichkeit, dass nur Vokale ausgewählt werden? ______

e) In einer Lostrommel sind zwei Gewinnlose und neun Nieten. Jakob und Kathrin ziehen abwechselnd (ohne Zurücklegen) so lange immer wieder je ein Los, bis die Trommel leer ist. Jakob beginnt. Wie groß ist die Wahrscheinlichkeit,
(1) dass Jakob gleich bei seinem ersten Zug ein Gewinnlos zieht? ______
(2) dass Kathrin bei ihrem ersten Zug ein Gewinnlos zieht, wenn Jakob bei seinem ersten Zug bereits ein Gewinnlos gezogen hat? ______
(3) dass Kathrin bei ihrem ersten Zug ein Gewinnlos zieht, wenn Jakob bei seinem ersten Zug eine Niete gezogen hat? ______
(4) dass sich die beiden Gewinnlose noch immer in der Lostrommel befinden, nachdem Jakob und Kathrin je zweimal gezogen haben? ______
(5) dass Jakob nach seinem sechsten (und letzten) Zug noch immer nichts gewonnen hat?

______

8. Bert, Doris, Fred, Hilde, Kurt und Marie haben Übergewicht und wollen unter Aufsicht eines Arztes eine Schlankheitskur beginnen. Zwei von ihnen sind sogar stark übergewichtig (BMI $\geqq 30$). Untersuchungen des Arztes ergeben, dass – entsprechende Betreuung vorausgesetzt – bei 60% der stark Übergewichtigen und bei 75% derjenigen Übergewichtigen, die nicht stark übergewichtig sind ($25 \leqq$ BMI < 30), die Schlankheitskur erfolgreich ist.

a) Kreuzen Sie die Terme an, die die Wahrscheinlichkeit beschreiben, dass bei genau drei der vier nicht stark Übergewichtigen die Kur erfolgreich verläuft.

(1) $\binom{6}{3} \cdot 0{,}75^3 \cdot 0{,}25$ (2) $\binom{4}{3} \cdot 0{,}75^3 \cdot 0{,}25$ (3) $\binom{4}{1} \cdot 0{,}75^3 \cdot 0{,}25$

(4) $0{,}75^3 \cdot 0{,}25$ (5) $4 \cdot 0{,}75^3 \cdot 0{,}25$ (6) $\binom{6}{3} \cdot 0{,}75 \cdot 0{,}25^3$

b) Berechnen Sie die Wahrscheinlichkeit, dass mindestens fünf der sechs Personen die Schlankheitskur erfolgreich beenden.

____

____

9. Eine Bernoulli-Kette hat die Länge n und die Trefferwahrscheinlichkeit p; die Zufallsgröße X beschreibt die Anzahl der Treffer. Ordnen Sie jeder Angabe in der linken Tabelle den passenden Ansatz in der rechten Tabelle zu und tragen Sie dann den zugehörigen Großbuchstaben in die linke Tabelle ein.

a)	$P(X = 2)$ für $n = 5$ und $p = 0{,}1$	J.	L	$1 - P(X = 5) = 1 - 0{,}1^5$
b)	$P(X \leqq 4)$ für $n = 5$ und $p = 0{,}9$		E	$\binom{5}{2} \cdot 0{,}1^2 \cdot 0{,}9^3 + \binom{5}{3} \cdot 0{,}1^3 \cdot 0{,}9^2$
c)	$P(1 < X < 4)$ für $n = 5$ und $p = 0{,}1$		N	$1 - 0{,}1^5 - 5 \cdot 0{,}1^4 \cdot 0{,}9^1$
d)	$P(X \leqq 1)$ für $n = 5$ und $p = 0{,}1$		O	$\binom{5}{4} \cdot 0{,}1^4 \cdot 0{,}9 + 0{,}1^5$
e)	$P(X > 1)$ für $n = 5$ und $p = 0{,}9$		U	$\binom{5}{2} \cdot 0{,}9^2 \cdot 0{,}1^3 + \binom{5}{3} \cdot 0{,}9^3 \cdot 0{,}1^2 + \binom{5}{4} \cdot 0{,}9^4 \cdot 0{,}1$
f)	$P(X > 3)$ für $n = 5$ und $p = 0{,}1$		J.	$\binom{5}{2} \cdot 0{,}1^2 \cdot 0{,}9^3$
g)	$P(1 < X \leqq 4)$ für $n = 5$ und $p = 0{,}9$		R	$0{,}9^5 + \binom{5}{1} \cdot 0{,}1 \cdot 0{,}9^4$
h)	$P(X < 5)$ für $n = 5$ und $p = 0{,}1$		L	$5 \cdot 0{,}9^4 \cdot 0{,}1$
i)	$P(3 < X < 5)$ für $n = 5$ und $p = 0{,}9$		B	$1 - P(X = 5) = 1 - 0{,}9^5$
j)	$P(X \geqq 0)$ für $n = 5$ und $p = 0{,}1$		I	1

10. Zeigen Sie, dass für $n \in \mathbb{N}$ und $k \in \mathbb{N}_0$ und $0 \leqq k < n$ stets $\binom{n}{k} + \binom{n}{k+1} = \binom{n+1}{k+1}$ gilt.

11. In einer Urne sind zehn Kugeln. Von ihnen sind sechs rot und drei weiß; eine Kugel ist schwarz.

a) Der Urne werden nacheinander ohne Zurücklegen zwei Kugeln zufällig entnommen. Beschriften Sie zunächst das Baumdiagramm und ermitteln Sie dann die Wahrscheinlichkeiten der beiden Ereignisse
E_1: „Die gezogenen Kugeln haben verschiedene Farben" und
E_2: „Die zweite gezogene Kugel ist rot".

Baumdiagramm:

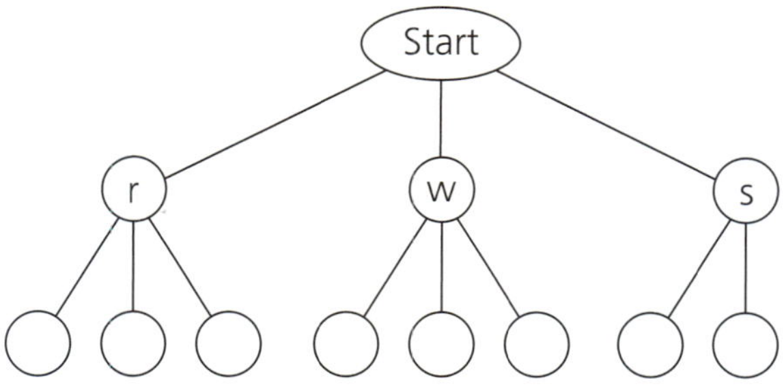

Rechnung:

b) Das gleichzeitige Ziehen (mit anschließendem Zurücklegen) von drei Kugeln wird zu einem Spiel genutzt. Der Einsatz beträgt 3 €. Für jede weiße Kugel unter den drei gezogenen Kugeln werden 2 € ausbezahlt. Die Zufallsgrößen X und Y beschreiben die Anzahl der gezogenen weißen Kugeln bzw. den „Gewinn" (in €).
Ermitteln Sie zunächst die Wahrscheinlichkeitsverteilungen der beiden Zufallsgrößen X und Y und untersuchen Sie dann, ob das Spiel fair ist.
Hinweis: Verwenden Sie die Formel $P(X = k) = \frac{\binom{S}{k} \cdot \binom{N-S}{n-k}}{\binom{N}{n}}$ mit

N = ____________, S = ____________, n = ____________ und k ∈ { ____________ }.

k	0	1	2	3
P(X = k)	$\frac{35}{120} \approx 29{,}2\,\%$			
„Gewinn" Y (in €)	−3			

Wahrscheinlichkeiten und Erwartungswert:

E(Y) =

12. In einer Urne sind genau zwei rote und drei blaue Kugeln sowie eine weiße Kugel. Aus dieser Urne werden nacheinander „blind" drei Kugeln ohne Zurücklegen entnommen.
Ermitteln Sie die Wahrscheinlichkeit, dass sich in der Urne nach Entnahme der drei Kugeln

a) noch genau eine Kugel von jeder Farbe befindet.

b) nur noch die drei blauen Kugeln befinden.

13. In einer Urne sind zehn Kugeln; jede von ihnen ist entweder schwarz oder weiß. Aus ihr werden mit einem Griff „blind" zwei Kugeln entnommen. Die Wahrscheinlichkeit, dass von ihnen genau eine weiß (und genau eine schwarz) ist, beträgt $\frac{16}{45}$.
Finden Sie mithilfe eines Baumdiagramms heraus, wie viele weiße Kugeln ursprünglich in der Urne waren.
Hinweis: Die Wahrscheinlichkeit für „Ziehen mit einem Griff" ist gleich der Wahrscheinlichkeit für „Ziehen nacheinander ohne Zurücklegen".

Baumdiagramm:

Rechnung:

14. In einer Urne befinden sich genau die sechs mit den Ziffern 1 bis 6 beschrifteten Kugeln ①②③④⑤⑥.

a) Aus der Urne wird eine Kugel „blind" entnommen und nach Notieren ihrer Nummer wieder zurückgelegt. Untersuchen Sie, ob die beiden Ereignisse
E_1: „Die gezogene Kugel trägt eine der Nummern von 1 bis 4" und
E_2: „Die gezogene Kugel trägt eine der Nummern von 3 bis 5"
voneinander stochastisch unabhängig sind.

b) Aus der Urne werden gleichzeitig zwei Kugeln „blind" entnommen. Die Zufallsgröße X gibt den Betrag der Differenz der Nummern auf diesen beiden Kugeln an.
Ergänzen Sie die Tabelle.

k	1	2	3	4	5
Kugeln	(①; ②); (②; ③); (③; ④); (④; ⑤); (⑤; ⑥)				
$P(X = k)$	$\frac{1}{3} \approx 33{,}3\,\%$				

Eine Zufallsgröße X heißt **binomial verteilt** mit den Parametern n und p, wenn sich die Wahrscheinlichkeit der Trefferanzahl wie bei einer Bernoulli-Kette der Länge n und der Trefferwahrscheinlichkeit p beschreiben lässt.
Die Wahrscheinlichkeitsverteilung $\mathbf{B(n; p; k) = P(X = k) = \binom{n}{k} \cdot p^k \cdot (1 - p)^{n-k}}$ für die Trefferanzahl X einer Bernoulli-Kette heißt **Binomialverteilung**.
Für den **Erwartungswert** gilt $\mathbf{E(X) = n \cdot p}$, für die **Varianz** $\mathbf{Var(X) = n \cdot p \cdot (1 - p)}$ und für die **Standardabweichung** $\sigma = \sqrt{\mathbf{n \cdot p \cdot (1 - p)}}$.

Besonders umfangreiche Rechnungen fallen oft dann an, wenn $P(X \leqq k)$, also die Wahrscheinlichkeit dafür, dass die Anzahl der Treffer **höchstens** k beträgt, gesucht ist.
Um $P(X \leqq k) = P(X = 0) + P(X = 1) + \ldots + P(X = k)$ zu ermitteln, verwendet man deshalb häufig Tabellen für die sogenannte **kumulierte Binomialverteilung** $\mathbf{F(n; p; k) = P(X \leqq k)}$; $n \in \mathbb{N}$; $p \in [0; 1]$; $k \in \{0; 1; 2; \ldots; n\}$.
Allgemein gilt:

- $\mathbf{P(X < k) = P(X \leqq k - 1) = F(n; p; k - 1)}$
- $\mathbf{P(X > k) = 1 - P(X \leqq k) = 1 - F(n; p; k)}$
- $\mathbf{P(k_1 < X \leqq k_2) = P(X \leqq k_2) - P(X \leqq k_1) = F(n; p; k_2) - F(n; p; k_1)}$

1. Rechnen mit Tabellen
X ist eine binomial verteilte Zufallsgröße mit den Parameterwerten n = 50 und p = 0,75. Ermitteln Sie die angegebenen Wahrscheinlichkeiten und ordnen Sie Ihre Ergebnisse den Ergebnissen in der rechten Spalte zu.

a)	$P(X = 38)$	V
b)	$P(X \leqq 38)$	
c)	$P(X < 38)$	
d)	$P(30 < X \leqq 38)$	
e)	$P(X < 39)$	
f)	$P(36 < X < 39)$	
g)	$P(X > 38)$	
h)	$P(30 \leqq X < 38)$	
i)	$P(30 \leqq X \leqq 38)$	
j)	$P(30 < X < 38)$	G

R	$F(50; 0{,}75; 37) \approx 0{,}48901 \approx 48{,}9\%$
U	$F(50; 0{,}75; 37) - F(50; 0{,}75; 29) \approx$ $\approx 0{,}48901 - 0{,}00626 = 0{,}48275 \approx 48{,}3\%$
L	$1 - F(50; 0{,}75; 38) \approx 1 - 0{,}61838 =$ $= 0{,}38162 \approx 38{,}2\%$
I	$B(50; 0{,}75; 37) + B(50; 0{,}75; 38) \approx$ $\approx 0{,}12605 + 0{,}12937 = 0{,}25542 \approx 25{,}5\%$ *oder* $F(50; 0{,}75; 38) - F(50; 0{,}75; 36) \approx$ $\approx 0{,}61838 - 0{,}36296 = 0{,}25542 \approx 25{,}5\%$
N	$F(50; 0{,}75; 38) - F(50; 0{,}75; 29) \approx$ $\approx 0{,}61838 - 0{,}00626 = 0{,}61212 \approx 61{,}2\%$
G	$F(50; 0{,}75; 37) - F(50; 0{,}75; 30) \approx$ $\approx 0{,}48901 - 0{,}01392 = 0{,}47509 \approx 47{,}5\%$
V	$B(50; 0{,}75; 38) \approx 0{,}12937 \approx 12{,}9\%$
T	$F(50; 0{,}75; 38) - F(50; 0{,}75; 30) \approx$ $\approx 0{,}61838 - 0{,}01392 = 0{,}60446 \approx 60{,}4\%$
E	$F(50; 0{,}75; 38) \approx 0{,}61838 \approx 61{,}8\%$

2. Es ist X eine binomial verteilte Zufallsgröße mit den Parameterwerten n und p. Ermitteln Sie jeweils mithilfe Ihrer Stochastiktabelle die kleinste Zahl $n \in \mathbb{N}$, für die die angegebene Ungleichung erfüllt ist.

a) $B(n; 0{,}1; 0) < 0{,}5$ **b)** $B(n; 0{,}9; 4) < 0{,}3$ **c)** $B(n; 0{,}8; 3) < 0{,}4$

d) $F(n; 0{,}6; 4) < 0{,}2$ **e)** $F(n; 0{,}4; 0) < 0{,}1$ **f)** $F(n; 0{,}7; 4) < 0{,}4$

3. a) Eine 2-€-(Laplace-)Münze wird 200-mal geworfen. Mit welcher Wahrscheinlichkeit liegt die Anzahl der geworfenen „Wappen“ im Intervall
(1) [90; 110]? (2) [95; 105]? (3)]99; 101[?

b) Zu einer Schulveranstaltung sind 200 Personen eingeladen. Die Wahrscheinlichkeit, dass eine Einladung angenommen wird, beträgt 70%. Die Schule verfügt über eine Aula mit 155 Sitzplätzen. Mit welcher Wahrscheinlichkeit reichen diese Plätze aus?

c) Kathrin isst gerne Tiramisu. In ihrem italienischen Stammlokal *Da Mario* steht Tiramisu nur mit 75% Wahrscheinlichkeit auf der Karte. Mario verspricht Kathrin ein Gratisessen für zwei Personen, wenn sie bei den nächsten zwanzig Restaurantbesuchen nicht mindestens vierzehnmal Tiramisu bekommen kann. Mit welcher Wahrscheinlichkeit erhält Kathrin das Gratisessen?

d) Erfahrungsgemäß sind 4% einer Bevölkerungsgruppe farbenblind. Mit welcher Wahrscheinlichkeit sind unter 200 zufällig aus dieser Gruppe ausgewählten Personen
(1) genau sieben (2) mehr als sieben (3) höchstens sieben farbenblind?

4. Es ist jeweils X eine mit den Parametern n und p binomial verteilte Zufallsgröße. Geben Sie die zugehörige Wahrscheinlichkeitsverteilung in Tabellenform an und berechnen Sie den Erwartungswert und die Standardabweichung.

a) $n = 5$; $p = 0{,}4$

x	0	1	2	3	4	5
P(X = x)						

$E(X) = \mu =$ ______________________

$\sigma =$ ______________________

b) $n = 5$; $p = 0{,}5$

x	0	1	2	3	4	5
P(X = x)						

$E(X) = \mu =$ ______________________

$\sigma =$ ______________________

c) $n = 5$; $p = 0{,}6$

x	0	1	2	3	4	5
P(X = x)						

$E(X) = \mu =$ ____

$\sigma =$ ____

Die Abbildungen zeigen Histogramme dieser drei Wahrscheinlichkeitsverteilungen. Ordnen Sie Histogramme und Wahrscheinlichkeitsverteilungen einander zu und tragen Sie die Erwartungswerte in die Histogramme ein.

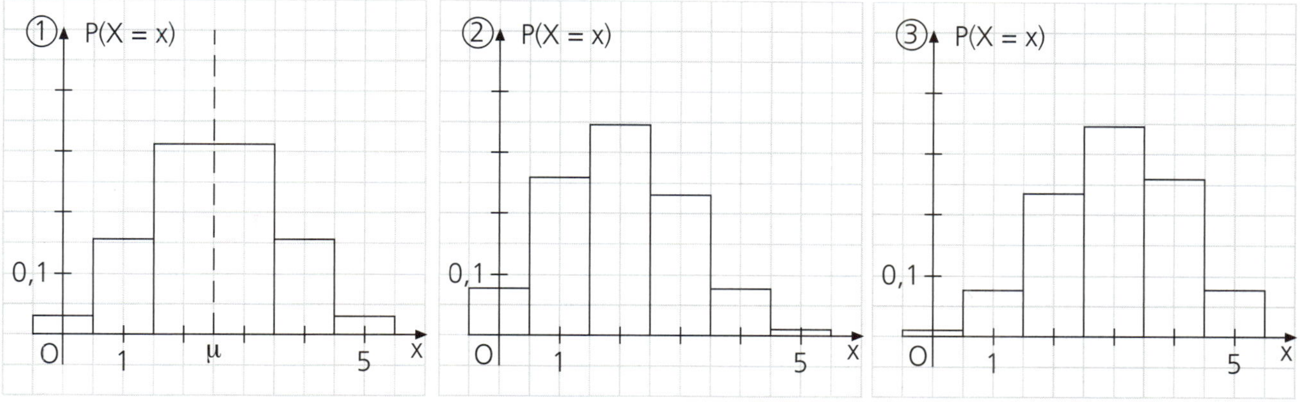

ABI 5. Beim Spiel „Schatzsuche" muss ein Kandidat abgesperrte Truhen öffnen. Bei jeder Truhe stehen dafür 6 sehr ähnliche, aber dennoch verschiedene Schlüssel zur Auswahl, von denen 4 nicht zum Schloss passen. Mit jedem einzelnen der beiden anderen Schlüssel lässt sich das Schloss entriegeln. Pro Truhe darf der Kandidat 2 verschiedene Schlüssel ausprobieren, die er zufällig auswählt.

a) Bestätigen Sie mithilfe eines Baumdiagramms, dass bei jeder der Truhen die Wahrscheinlichkeit für das Öffnen 60% beträgt.

b) Wie viele Truhen müssen in diesem Spiel mindestens zur Verfügung gestellt werden, damit mit einer Wahrscheinlichkeit von mehr als 99,9% wenigstens eine Truhe geöffnet wird?

c) Bestimmen Sie die Wahrscheinlichkeiten folgender Ereignisse:
A: „Von 15 Truhen werden genau 7 geöffnet"
B: „Von 15 Truhen werden mehr als 10 geöffnet".

ABI 6. In einem Theater gibt es insgesamt 1 000 Plätze; 600 davon entfallen auf die Kategorie „Parkett", 250 auf die Kategorie „1. Rang" und 150 auf die Kategorie „2. Rang". In der heutigen Vorstellung ist jeder Platz belegt.
Es werden zufällig zwei der 1 000 Besucher ausgewählt und die beiden folgenden Ereignisse A und B betrachtet:
A: „Die beiden Besucher haben Karten im 1. Rang"
B: „Die beiden Besucher haben Karten derselben Kategorie".

a) Ermitteln Sie die Wahrscheinlichkeit P(A) des Ereignisses A.
[*Ergebnis*: $P(A) \approx 6{,}23\%$]

b) Berechnen Sie für den in Teilaufgabe a) ermittelten Wert P(A) einen Näherungswert, indem Sie die Auswahl der beiden Zuschauer als Ziehen mit Zurücklegen betrachten. Erklären Sie, warum die Abweichung vom exakten Wert sehr gering ist.

In Teilaufgabe c) soll deshalb von „Ziehen mit Zurücklegen" ausgegangen werden.

c) Berechnen Sie P(B) und begründen Sie, dass die Ereignisse A und B voneinander stochastisch abhängig sind.

ABI 7. Der Konzern „Electronix" stellt Mikrochips in Massenproduktion her. Jeder von ihm hergestellte Chip ist mit einer Wahrscheinlichkeit von 15% fehlerhaft.

a) Mit welcher Wahrscheinlichkeit sind von 100 Chips genau 15 fehlerhaft?

b) Bestimmen Sie mithilfe des Tabellenwerks das kleinstmögliche Intervall mit dem Mittelpunkt 15, in dem bei insgesamt 100 Chips die Anzahl der fehlerhaften Chips mit einer Wahrscheinlichkeit von mindestens 85% liegt.

c) Wie viele Chips müssen der Produktion mindestens entnommen werden, damit mit einer Wahrscheinlichkeit von mehr als 99% wenigstens ein fehlerhafter Chip dabei ist?

d) Zur Aussonderung fehlerhafter Chips wird ein Prüfgerät eingesetzt, von dem Folgendes bekannt ist: Unter allen geprüften Chips beträgt der Anteil der Chips, die einwandfrei sind und dennoch ausgesondert werden, 3%. Insgesamt werden 83% aller Chips nicht ausgesondert.
Bestimmen Sie die Wahrscheinlichkeit dafür, dass ein Chip fehlerhaft ist und ausgesondert wird. Welcher Anteil der fehlerhaften Chips wird demnach ausgesondert?

ABI 8. Im Lande Ökologistan gilt laut Statistik für die Verteilung der Haushaltsgrößen:

Anzahl der Personen pro Haushalt	1	2	3	4	5
Anteil der Haushalte (in %)	10	40	25	15	10

a) Berechnen Sie die durchschnittliche Haushaltsgröße und bestimmen Sie die Einwohneranzahl von Ökologistan unter der Voraussetzung, dass die Gesamtanzahl der Haushalte 2 Millionen beträgt.

b) Fünf Haushalte werden zufällig ausgewählt.
(1) Erklären Sie, welche Bedeutung in diesem Zusammenhang der Term $\binom{5}{2} \cdot 0{,}25^2 \cdot 0{,}75^3$ hat.
(2) Berechnen Sie die Wahrscheinlichkeit, dass mindestens einer davon ein Zwei-Personen-Haushalt ist.

c) Für eine Befragung durch ein Marktforschungsinstitut werden 100 Haushalte zufällig ausgewählt.
(1) Bestimmen Sie die Wahrscheinlichkeit, dass dabei
– mehr als 40 Zwei-Personen-Haushalte ausgewählt werden.
– mehr als 34, aber höchstens 55 Zwei-Personen-Haushalte ausgewählt werden.
(2) Aus Erfahrung weiß das Institut, dass nur in 75% der ausgewählten Haushalte jemand zur Befragung angetroffen wird. Bestimmen Sie die Wahrscheinlichkeit, dass in mehr als 80 Haushalten eine Person zur Befragung angetroffen wird.

ABI 9. Das Fahrradfachgeschäft „Flotte Speiche" führt in seinem Angebot ausschließlich die Fahrradtypen Citybike, Mountainbike, Trekkingbike und Rennrad. Aus Erfahrung weiß der Besitzer, dass sich unter den Kaufinteressenten 40% über ein Citybike, 35% über ein Mountainbike, 2% über ein Rennrad und die restlichen über ein Trekkingbike informieren. Dabei informiert sich jeder Interessent nur über genau einen Fahrradtyp.

a) Berechnen Sie die Wahrscheinlichkeiten folgender Ereignisse:
A: „Von zwei aufeinander folgenden Interessenten informiert sich der erste über ein Mountainbike und der zweite über ein Citybike"
B: „Von 20 Interessenten informieren sich mindestens acht über ein Citybike"
C: „Von 20 aufeinander folgenden Interessenten informiert sich erstmals der siebte über ein Trekkingbike".

b) Berechnen Sie, mindestens wie viele Kaufinteressenten sich informieren müssen, damit die Wahrscheinlichkeit dafür, dass sich wenigstens eine Person über ein Rennrad informiert, mehr als 90% beträgt.

Die zu beurteilende Hypothese heißt **Nullhypothese H_0**. Mithilfe statistischer Tests wird entschieden, ob diese Hypothese abzulehnen („zu verwerfen") oder anzunehmen ist.
Die Wahrscheinlichkeit dafür, dass man dabei eine *in Wirklichkeit wahre* Nullhypothese irrtümlich als falsch ablehnt, also einen sogenannten **Fehler 1. Art** begeht, nennt man **Irrtumswahrscheinlichkeit 1. Art**; ihr höchstzulässiger Wert α wird meist vor Beginn des Tests festgelegt und als **Signifikanzniveau** bezeichnet.
Statistische Verfahren ermöglichen es, diejenigen Werte der Zufallsgröße X zu ermitteln, für die die Nullhypothese abgelehnt werden soll. Die Menge dieser Werte aus der Wertemenge der Zufallsgröße X heißt **Ablehnungsbereich $\overline{A}$**; die Menge der übrigen Werte der Zufallsgröße X bildet den **Annahmebereich A**. Annahmebereich A und Ablehnungsbereich $\overline{A}$ werden durch den sogenannten **kritischen Wert** getrennt.
Liegt das Ergebnis eines Zufallsversuchs im Ablehnungsbereich, so hält man die Nullhypothese H_0 für falsch; liegt es im Annahmebereich, so hält man sie für wahr. Bei dieser Entscheidung können zweierlei **Fehler** auftreten:

	Stichprobenergebnis liegt im Annahmebereich	Stichprobenergebnis liegt im Ablehnungsbereich
Hypothese ist in Wirklichkeit wahr	Entscheidung, H_0 anzunehmen, ist richtig	Entscheidung, H_0 zu verwerfen, ist falsch: **Fehler 1. Art** *oder* α-Fehler
Hypothese ist in Wirklichkeit falsch	Entscheidung, H_0 anzunehmen, ist falsch: **Fehler 2. Art** *oder* β-Fehler	Entscheidung, H_0 zu verwerfen, ist richtig

Ein statistischer Test mit vorgegebener Obergrenze für den Fehler 1. Art, bei dem auf Stichprobenbasis über die Annahme oder Ablehnung einer Nullhypothese entschieden wird, heißt **Signifikanztest**.
Bei einem Signifikanztest wählt man diejenige Hypothese als Nullhypothese, bei der der Fehler 1. Art von größerer Bedeutung ist als der Fehler 2. Art.

1. In der Mensa einer Schule werden vier subventionierte Menüs zu unterschiedlichen Preisen angeboten. Erfahrungsgemäß wählen von den Schülern und Schülerinnen 50% Menü 1, 25% Menü 2 und 20% Menü 3; die übrigen Schüler/Schülerinnen wählen Menü 4. Die Schüler/Schülerinnen wählen ihr Menü unabhängig voneinander aus.

a) Mit welcher Wahrscheinlichkeit wählen Lena, Martin, Nina und Oliver
(1) das gleiche Menü?
(2) vier verschiedene Menüs?

b) Am ersten Schultag nach den Ferien meint eine Küchenhilfe, dass das Menü 3 besonders gefragt sei. Der Küchenchef beschließt, die Entwicklung zu beobachten und Menü 3 erst dann nachzukochen, wenn von den nächsten 50 Schülern/Schülerinnen mehr als 15 das Menü 3 verlangen.
Mit welcher Wahrscheinlichkeit wird die Nullhypothese H_0: „Menü 3 wird nicht häufiger verlangt als bisher" abgelehnt?
Geben Sie eine praktische Interpretation dieser Entscheidung an.

Menü 1 (1,50 €) Erbsensuppe mit Würstchen
Menü 2 (2,50 €) Pizza mit Salat
Menü 3 (2,80 €) Reisauflauf mit Apfelmus
Menu 4 (3,00 €) Schnitzel mit Püree und Salat

ABI 2. Der Mittelstürmer Lothar des FCL behauptet, dass er einen Elfmeter mit einer Wahrscheinlichkeit von mehr als 75% verwandelt.

a) Der Trainer des FCL akzeptiert diese Behauptung, wenn Lothar von 30 Elfmetern mindestens 24 verwandelt. Mit welcher Wahrscheinlichkeit wird die Trefferquote irrtümlich für höher als 75% gehalten?

b) Die Nullhypothese H_0: $p \leqq 0{,}75$ soll auf einem Signifikanzniveau von 5% bei einem Stichprobenumfang von 30 Elfmetern getestet werden. Finden Sie eine Entscheidungsregel.

c) Geben Sie an, wie sich die in Teilaufgabe a) ermittelte Irrtumswahrscheinlichkeit tendenziell ändern würde, wenn man den Stichprobenumfang von 30 auf 50 und die Mindesttrefferanzahl entsprechend von 24 auf 40 vergrößern würde.

ABI 3. Euro-Münzen werden in Deutschland von fünf verschiedenen Prägestellen hergestellt. Der Prägeort wird durch einen Kennbuchstaben auf der Münze angegeben (Zuordnung siehe Diagramm).
Für die sich in Deutschland im Umlauf befindenden 2-Euro-Münzen werden unter Einbeziehung ausländischer Münzen folgende Anteile angenommen:

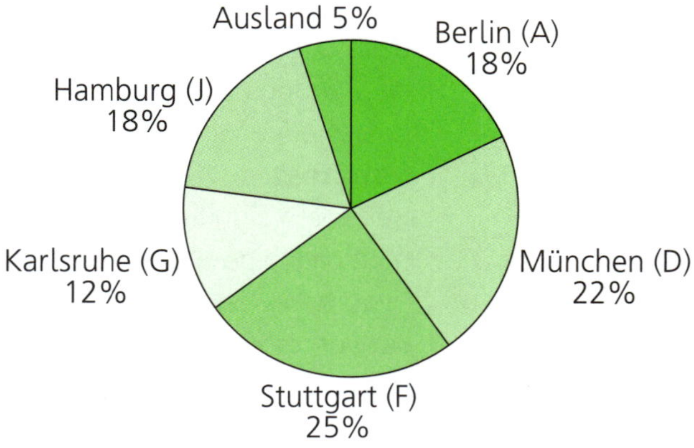

Man geht von einer guten Durchmischung der Euro-Münzen in Deutschland aus.

(1) Dieter bewahrt fünf verschiedene deutsche 2-Euro-Münzen und sechs verschiedene ausländische 2-Euro-Münzen in einem Kästchen auf.

a) Er greift blind in das Kästchen und hat fünf Münzen in der Hand. Mit welcher Wahrscheinlichkeit sind darunter genau zwei deutsche 2-Euro-Münzen?

b) Er legt nun alle elf verschiedenen Münzen nebeneinander auf den Tisch. Auf wie viele verschiedene Arten kann er sie anordnen, wenn die fünf deutschen 2-Euro-Münzen nebeneinander liegen sollen?

(2) Ein Münzhändler behauptet, dass eine große Urne, die mit sehr vielen 1-Cent-Münzen gefüllt ist, mindestens 10% finnische 1-Cent-Münzen enthält. Diese haben als einzige Münzen in der Urne Sammlerwert.

a) Dieter zahlt 15 € und darf dafür 20 Münzen aus der Urne ziehen. Mit welcher Wahrscheinlichkeit geht das Geschäft für Dieter günstig aus, falls genau 10% finnische 1-Cent-Münzen in der Urne sind und Dieter einen Sammlerwert von 6 € für eine solche Münze ansetzt?

b) Dieter äußert Skepsis gegenüber der Behauptung des Münzhändlers. Dieser bietet Dieter an, die Hypothese, dass mindestens 10% finnische 1-Cent-Münzen in der Urne sind, mithilfe einer Stichprobe vom Umfang 200 zu testen. Bestimmen Sie die Entscheidungsregel, wenn die Wahrscheinlichkeit dafür, dass die Hypothese irrtümlich abgelehnt wird, höchstens 5% sein soll.

ABI 4. Ein Funktionär eines großen Fußballvereins behauptet, dass seit der Fußball-WM im eigenen Land die Fußballbegeisterung in der Stadt M. angestiegen sei und dass mindestens 80% der Einwohner dieser Stadt für den Ausbau des Stadions seien. Um dies zu testen, befragen Schüler eines Gymnasiums in der Halbzeitpause eines Spiels 100 zufällig ausgewählte Zuschauer. Wie muss die Entscheidungsregel mit einem möglichst großen Ablehnungsbereich lauten, wenn die Schüler die Hypothese des Fußballfunktionärs mit einer Wahrscheinlichkeit von höchstens 10% irrtümlich ablehnen wollen? Bewerten Sie den von den Schülern durchgeführten Test hinsichtlich seiner Eignung, die Hypothese des Fußballfunktionärs zu überprüfen.

ABI 5. Die neue Limonade „BioFrucht" ist gerade dabei, den Markt der alkoholfreien Getränke zu erobern. Sie wird in vier Sorten hergestellt: Apfel (A), Brombeere (B), Citro (C) und Dattel (D).

(1) Der Hersteller von „BioFrucht" hält eine Werbekampagne für unnötig, weil er vermutet, dass der Bekanntheitsgrad p seiner Limonade ohnehin schon mindestens 40% beträgt. Um dies zu überprüfen, werden 200 zufällig ausgewählte Personen befragt. Der Hersteller will von seiner Hypothese $p \geqq 0{,}4$ abrücken und eine Werbekampagne mit kostenlosen Getränkeproben starten, wenn bei der Umfrage weniger als 70 Personen angeben, „BioFrucht" zu kennen.

a) Wie groß ist die Wahrscheinlichkeit dafür, dass keine Getränkeproben verteilt werden, obwohl der Bekanntheitsgrad von „BioFrucht" tatsächlich nur 30% beträgt?

b) Bestimmen Sie die maximale Wahrscheinlichkeit dafür, dass der Hersteller unnötigerweise Getränkeproben verteilt.

(2) Um den Beliebtheitsgrad der einzelnen Sorten herauszufinden, wurde eine landesweite Befragung durchgeführt. Dabei erhielt man unter denjenigen der befragten Personen, die eine Lieblingssorte angeben konnten, folgendes Ergebnis:

Lieblingssorte	A	B	C	D
Häufigkeit der Nennung	12%	18%	28%	42%

a) 204 Personen gaben als Lieblingssorte Apfel an. Wie viele Personen nannten Dattel als Lieblingssorte?

b) Im Folgenden werden nur diejenigen der befragten Personen betrachtet, die eine Lieblingssorte angegeben haben. Unterscheidet man diese Personen nach ihrem Geschlecht, so ergibt sich folgendes Bild:
10% sind weiblich und haben Dattel als Lieblingssorte.
25% sind männlich und haben eine andere Lieblingssorte als Dattel.

Untersuchen Sie die beiden Ereignisse „Eine zufällig ausgewählte Person hat die Lieblingssorte Dattel" und „Eine zufällig ausgewählte Person ist männlich" auf stochastische Unabhängigkeit.

ABI 6. Ein Gesangsverein hat 30 weibliche und 20 männliche Mitglieder. Die Anzahl der Anwesenden bei der wöchentlichen Chorprobe schwankt von Mal zu Mal. Um diese Schwankung durch ein Modell zu beschreiben, soll davon ausgegangen werden, dass die Mitglieder unabhängig voneinander und jeweils mit einer Wahrscheinlichkeit von 85% an einer Probe teilnehmen.

(1) **a)** Wie groß ist die Wahrscheinlichkeit dafür, dass bei einer Chorpobe mindestens 40 Mitglieder anwesend sind?

b) Mit welcher Wahrscheinlichkeit fehlen bei einer Chorprobe sechs Sängerinnen und vier Sänger?

c) Für die nächste Chorprobe haben sich fünf Mitglieder entschuldigt. Mit welcher Wahrscheinlichkeit fehlt bei dieser Probe höchstens noch ein weiteres Chormitglied?

d) Mit welcher Wahrscheinlichkeit fehlt bei einer Chorprobe von den Sängerinnen Sandra und Simone entweder die eine oder die andere?

e) Wie viele Chorproben müssen mindestens stattfinden, damit mit einer Wahrscheinlichkeit von mehr als 99% wenigstens einmal alle fünf Tenöre des Vereins gemeinsam anzutreffen sind?

(2) Der Chorleiter vermutet, dass die Anwesenheitsquote unter 85% gefallen ist. Um diese Vermutung zu überprüfen, soll die Nullhypothese H_0: $p \geqq 0{,}85$ auf dem Signifikanzniveau von 5% getestet werden. Dazu wird bei vier Chorproben jeweils die Anzahl der Anwesenden festgestellt. Die Entscheidung soll aufgrund der Summe dieser vier Zahlen getroffen werden. Bestimmen Sie die Entscheidungsregel.

(3) Die beiden anfangs genannten und bisher verwendeten Modellannahmen für das Vorliegen einer Bernoulli-Kette können in der Realität unzutreffend sein.
Erläutern Sie dies anhand je eines konkreten Beispiels.

(4) Von den 20 Männern des Vereins sind fünf Tenöre, acht Baritone und sieben Bässe. Bei einer Veranstaltung singen ein Tenor, zwei Baritone und zwei Bässe in einem Quintett.

a) Wie viele verschiedene Zusammenstellungen des Quintetts aus den Sängern des Vereins sind hierfür möglich?

b) Nach ihrem Auftritt stellen sich die fünf Sänger nebeneinander auf und verbeugen sich. Wie viele Möglichkeiten der Anordnung gibt es dafür, wenn die beiden Bässe nebeneinander stehen wollen?

1. Untersuchen Sie bei jeder der 16 Aussagen, ob sie wahr ist. Kreuzen Sie passend an.

	Aussage	wahr	falsch
a)	Jedes Bernoulli-Experiment hat genau zwei Ergebnisse.		
b)	Jede Bernoulli-Kette ist eine Serie von lauter gleichen Bernoulli-Experimenten.		
c)	Der Parameter p jeder Bernoulli-Kette ist eine Wahrscheinlichkeit.		
d)	Ziehen ohne Zurücklegen führt stets auf unabhängige Ereignisse.		
e)	$P(X > k) = 1 - P(X < k)$; $k \in \mathbb{N}$; $X \in \mathbb{N}_0$		
f)	$P(X > k) = 1 - P(X \leqq k)$; $k \in \mathbb{N}_0$; $X \in \mathbb{N}_0$		
g)	Jedes Laplace-Experiment lässt sich durch ein Urnenmodell veranschaulichen.		
h)	Bei einem Laplace-Experiment hat stets jedes Elementarereignis die gleiche Wahrscheinlichkeit.		
i)	Jede nach B(n; p) verteilte Zufallsgröße nimmt genau n verschiedene Werte an.		
j)	Die Histogramme binomial verteilter Zufallsgrößen sind stets symmetrisch.		
k)	$P(X \geqq k) = 1 - P(X \leqq k - 1)$; $k \in \mathbb{N}$; $X \in \mathbb{N}_0$		
l)	$P(X = k) = P(X \leqq k) - P(X \leqq k - 1)$; $k \in \mathbb{N}$; $X \in \mathbb{N}_0$		
m)	$\binom{n}{k} = \binom{n}{n-k}$; $n \in \mathbb{N}$; $k \in \{0; 1; 2; \ldots; n\}$		
n)	$0! = 1!$		
o)	Jede Binomialverteilung ist eine Funktion; sie wird oft in Tabellenform angegeben.		
p)	Wenn zwei Binomialverteilungen den gleichen Erwartungswert besitzen, haben stets auch ihre Standardabweichungen den gleichen Wert.		

2. Untersuchen Sie bei jeder der 16 Aussagen, ob sie wahr ist. Kreuzen Sie passend an und stellen Sie falsche Aussagen richtig.

	Aussage	wahr	falsch
a)	Wenn eine Urne genau neun von 1 bis 9 nummerierte Kugeln enthält, zieht man mit einer Wahrscheinlichkeit von etwa 44% als erste Kugel eine Kugel mit „Primzahlnummer".		
b)	Wenn Nina aus einer Lostrommel mit 10 Losen (unter ihnen sind vier Gewinnlose) drei Lose zieht, zieht sie mit 50% Wahrscheinlichkeit genau ein Gewinnlos.		
c)	$\binom{12}{12} - \binom{12}{1} = 11$		
d)	Man kann aus 18 Schülern auf 153 Arten zwei Schüler auswählen.		
e)	Man muss einen Laplace-Spielwürfel mindestens viermal werfen, um mit einer Wahrscheinlichkeit von mindestens 50% mindestens eine Sechs zu werfen.		
f)	Wenn Andrea zwei Laplace-Spielwürfel viermal wirft, erhält sie mit einer Wahrscheinlichkeit von etwa 11% mindestens einen „Sechserpasch" (d. h. eine Doppelsechs).		
g)	Wenn Philipp aus einer Lostrommel mit 250 Losen (unter ihnen sind 100 Gewinnlose, davon ein Hauptgewinn) ein Gewinnlos zieht, dann ist es mit einer Wahrscheinlichkeit von 2% der Hauptgewinn.		
h)	Es gibt genau vier verschiedene Produkte von je zwei ganzen Zahlen, die den Produktwert 30 haben und bei denen der erste Faktor kleiner als der zweite ist.		
i)	Die Wahrscheinlichkeit, dass eine zufällig ausgewählte dreistellige natürliche Zahl gerade und größer als 399 ist, ist $\frac{1}{3}$.		
j)	Wenn Markus mit einem Griff drei Kugeln aus einer Urne mit genau sechs roten und vier blauen Kugeln zieht, ist mit einer Wahrscheinlichkeit von $\frac{5}{6}$ unter diesen drei Kugeln mindestens eine blaue.		
k)	Wenn man in einer Stadt, in der 95% aller Haushalte (mindestens) einen Kühlschrank besitzen, einhundert Haushalte zufällig auswählt, ist die Wahrscheinlichkeit des Ereignisses E: „In mindestens 88 und höchstens 98 der ausgewählten Haushalte ist (mindestens) ein Kühlschrank vorhanden" etwa 93%.		
l)	Das Maximum einer Binomialverteilung liegt stets in der Nähe des Erwartungswerts.		
m)	Sowohl der Erwartungswert wie auch die Varianz und die Standardabweichung sind stets positive Zahlen.		
n)	Der Fehler, den man begeht, wenn man eine wahre Hypothese verwirft, heißt Fehler 1. Art (oder α-Fehler).		
o)	Die vorgegebene obere Schranke für die Irrtumswahrscheinlichkeit 1. Art nennt man Signifikanzniveau.		
p)	Die Wahrscheinlichkeit, dass nicht alle Ticketbesitzer, die die Reise wirklich antreten wollen (da erfahrungsgemäß 10% der gebuchten Flüge nicht angetreten werden, gehen die Fluggesellschaften immer mehr dazu über, Flüge mit etwa 10% zu überbuchen), mit einem Flugzeug mit 185 Plätzen, für die 200 Tickets verkauft wurden, befördert werden können, beträgt etwa 9,3%.		

ABI 3. (1) Anlässlich einer Studie wurden 2 000 Jugendliche im Alter von 18 Jahren zu ihren Ernährungsgewohnheiten befragt. Von den Befragten gaben 740 an, am Morgen nicht zu frühstücken. Von diesen 740 „Nichtfrühstückern" waren 420 berufstätig. Unter den 1 260 „Frühstückern" waren 800 nicht berufstätig. Aus den Befragten wird eine Person zufällig ausgewählt. Untersuchen Sie, ob die Ereignisse F: „Die Person frühstückt am Morgen" und B:" Die Person ist berufstätig" voneinander stochastisch abhängig sind.

Das Unternehmen „Müsli-4-U" bietet über das Internet individuell zusammenstellbare Müslipackungen an. Für die Zusammenstellung kann aus 2 Basismischungen sowie aus 9 Frucht-, 4 Nuss- und 3 Getreidezusätzen gewählt werden.

(2) Wie viele verschiedene Müslipackungen können zusammengestellt werden, wenn jede genau eine Basismischung und genau 4 verschiedene Zusätze enthalten soll?

(3) Im Rahmen einer Aktion „Gesundes Frühstück" konnte „Müsli-4-U" an einem Gymnasium als Kooperationspartner gewonnen werden. Der Kooperationspartner liefert jeder Klasse täglich eine Gratis-Packung Müsli, das aus genau einer Basismischung und genau 2 Zusätzen zusammengestellt wird. Die beiden Zusätze stammen dabei jeweils aus zwei verschiedenen der Bereiche „Früchte", „Nüsse" beziehungsweise „Getreide".

a) Bestätigen Sie durch Rechnung, dass es 150 verschiedene Möglichkeiten gibt, eine solche Gratis-Packung zusammenzustellen.

Im Folgenden wird angenommen, dass jede dieser 150 Möglichkeiten gleich wahrscheinlich ist und die Lieferung der einzelnen Packungen unabhängig voneinander erfolgt.

b) Es gibt Schüler, die aufgrund einer Allergie keine Nüsse essen dürfen. Berechnen Sie die Wahrscheinlichkeit dafür, dass eine Gratis-Packung keinen Nusszusatz enthält.
[*Ergebnis*: 36%]

c) Berechnen Sie die Wahrscheinlichkeit dafür, dass in der Klasse 8a an mindestens 4 von 5 Tagen einer Schulwoche die gelieferte Gratis-Packung keinen Nusszusatz enthält.

d) Formulieren Sie ein zum Sachzusammenhang der Teilaufgabe (3) c) passendes Ereignis D, das die Wahrscheinlichkeit $P(D) = 0{,}36^2 \cdot \binom{3}{2} \cdot 0{,}36^2 \cdot 0{,}64$ besitzt.

e) Wie viele Gratis-Packungen müssen mindestens zusammengestellt werden, damit mit mehr als 99% Wahrscheinlichkeit mindestens eine Packung ohne Nusszusatz dabei ist?

f) Das Unternehmen „Müsli-4-U" möchte bei seinen Produkten den Geschmack von Jugendlichen stärker berücksichtigen. Es vermutet, dass mindestens 50% der Jugendlichen ein Müsli ohne Nusszusatz bevorzugen. Um diese Vermutung zu testen, werden 100 zufällig ausgewählte Jugendliche befragt. Wie muss die Entscheidungsregel mit einem möglichst großen Ablehnungsbereich lauten, wenn die Vermutung des Unternehmens mit einer Wahrscheinlichkeit von höchstens 10% irrtümlicherweise verworfen werden soll?

(4) Den über das Internet bei „Müsli-4-U" bestellten Müslipackungen wird jeweils mit der Wahrscheinlichkeit p ein Gutschein beigelegt.

a) Zeigen Sie:
Die Wahrscheinlichkeit dafür, dass sich in genau 4 von 6 über das Internet bestellten Packungen jeweils ein Gutschein befindet, kann durch eine Funktion f mit dem Term $f(p) = 15(p^6 - 2p^5 + p^4)$; $p \in [0; 1]$, beschrieben werden.

b) Bestimmen Sie die Nullstellen der ersten Ableitung der Funktion f aus Teilaufgabe (4) a). Interpretieren Sie jede dieser Nullstellen im Anwendungszusammenhang.

ABI 4. In den Jahren 2005, 2006 und 2007 wurde jeweils eine repräsentative Umfrage unter 2 000 Menschen in Deutschland zum Thema „Rauchverbot in Restaurants" durchgeführt. Im Jahr 2007 haben dabei 67,0% ein Rauchverbot befürwortet.

a) Die Anzahl der Befürworter des Rauchverbots unter den Befragten ist im Jahr 2007 im Vergleich zum Jahr 2006 um 160 Personen, im Vergleich zum Jahr 2005 um 280 Personen größer. Berechnen Sie den prozentualen Anteil der Befürworter des Rauchverbots in den Jahren 2005 und 2006.

b) Aus den Befragten das Jahres 2007 wird eine Person zufällig ausgewählt. Dabei werden die Ereignisse B: „Die Person befürwortet ein Rauchverbot in Restaurants" und R: „Die Person ist Raucher" betrachtet (vgl. auch nebenstehendes Baumdiagramm).

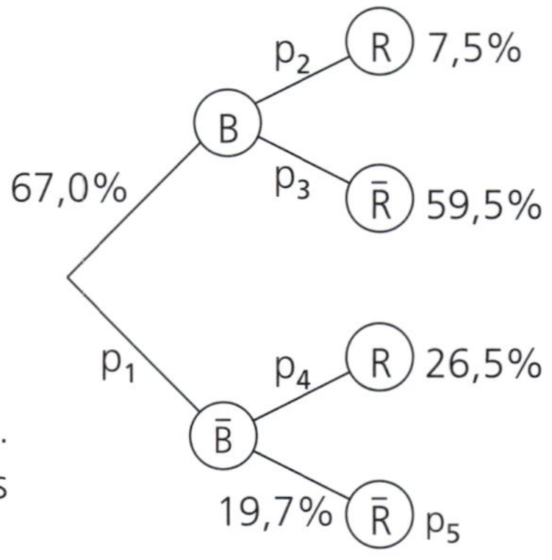

(1) Beschreiben Sie das Ereignis in Worten, dessen Wahrscheinlichkeit im Baumdiagramm mit 7,5% angegeben ist.

(2) Berechnen Sie die Wahrscheinlichkeiten p_1, p_2, p_3, p_4 und p_5 aus dem Baumdiagramm in Prozent auf eine Nachkommastelle genau.

(3) Begründen Sie mithilfe entsprechender Wahrscheinlichkeiten, dass die Ereignisse B und R voneinander stochastisch abhängig sind.

(4) Bei welcher der folgenden Zahlen kann es sich um die Anzahl der Raucher unter den befragten Personen handeln? Begründen Sie Ihre Antwort.

150 530 680 1 340

(5) Wie viel Prozent der Raucher haben das Rauchverbot befürwortet?

c) Im Folgenden wird davon ausgegangen, dass in der Bevölkerung 67% das Rauchverbot in Restaurants befürworten.

(1) Wie groß ist die Wahrscheinlichkeit dafür, dass sich unter 12 zufällig ausgewählten Personen höchstens 10 Befürworter befinden?

(2) Wie viele Personen müssen mindestens zufällig ausgewählt werden, damit sich mit einer Wahrscheinlichkeit von mehr als 99% wenigstens ein Befürworter darunter befindet?

d) Es wird angezweifelt, dass der Anteil der Befürworter des Rauchverbots derzeit noch 67% beträgt. Vielmehr wird vermutet, dass der Prozentsatz gegenwärtig höchstens bei 60% liegt. Um diese Vermutung zu „widerlegen", wird eine Befragung von 100 zufällig ausgewählten Personen durchgeführt.
Wie muss die Entscheidungsregel mit einem möglichst großen Ablehnungsbereich lauten, wenn die Vermutung mit einer Wahrscheinlichkeit von höchstens 5% irrtümlich abgelehnt werden soll?

e) Die SMV eines Gymnasiums möchte den Anteil der Raucherinnen unter den Schülerinnen der Mittelstufe an der eigenen Schule ermitteln. Sie führt deshalb eine Befragung durch. Dabei wird die sogenannte Dunkelfeldmethode verwendet, die durch eine Anonymisierung der Daten ehrliche Antworten gewährleisten soll.

Bei dieser Methode zieht die Befragte zufällig eine der drei abgebildeten, verdeckten Karten und beantwortet die Frage wahrheitsgemäß mit „Ja" oder „Nein". Der Interviewer notiert diese Antwort, ohne zu wissen, welche Karte jeweils gezogen wurde.

Von 357 auf diese Weise befragten Mädchen haben 138 mit „Ja" geantwortet. Bestimmen Sie den Schätzwert für den Anteil der Raucherinnen unter den Schülerinnen, der sich aus diesen Angaben herleiten lässt.

ABI 5. Die Klasse 7a eines Gymnasiums fährt ins Skilager. Alle 11 Jungen und alle 18 Mädchen der Klasse nehmen an dem einwöchigen Skikurs teil.

(1) In der Unterkunft stehen für die 18 Mädchen der Klasse ein Sechsbett-, ein Fünfbett-, ein Vierbett- und ein Dreibettzimmer zur Verfügung. Wie viele verschiedene Möglichkeiten gibt es, die Mädchen auf diese vier Zimmer zu verteilen?

(2) Am Ankunftstag müssen die Schülerinnen und Schüler ihren „Pistenführerschein" in Form eines Multiple-Choice-Tests machen. Zu jeder der 10 vorgelegten Fragen gibt es gleich viele Antwortmöglichkeiten, von denen jeweils genau eine richtig ist; pro Frage ist genau eine der Antwortmöglichkeiten anzukreuzen. Der Test gilt als bestanden, wenn mehr als die Hälfte der Fragen korrekt beantwortet wurde.
Christoph wählt bei jeder Frage genau eine der Antwortmöglichkeiten rein zufällig aus und kreuzt diese an. Betrachtet wird das Ereignis A: „Christoph besteht den Pistenführerschein".

a) Berechnen Sie P(A) für den Fall, dass bei jeder Frage 3 Antwortmöglichkeiten vorgegeben sind.

b) Wie viele Antwortmöglichkeiten je Frage müssen mindestens vorgegeben werden, damit P(A) unter 1 % liegt? Begründen Sie Ihre Antwort mit geeigneten Werten aus dem stochastischen Tafelwerk.

(3) Erfahrungsgemäß beträgt das Risiko, sich während eines einwöchigen Skikurses zu verletzen, für einen Jungen 5 % und für ein Mädchen 2 %.

a) Mit welcher Wahrscheinlichkeit verletzen sich innerhalb der Kurswoche genau 2 der 11 Jungen?

b) Berechnen Sie die Wahrscheinlichkeit, dass sich innerhalb der Kurswoche niemand aus der Klasse 7a verletzt.

c) Wie groß ist die Wahrscheinlichkeit, dass sich innerhalb der Kurswoche höchstens ein Mitglied der Klasse 7a verletzt?

(4) „Alkohol auf der Piste" erhöht bekanntlich das Verletzungsrisiko. Nach einer groß angelegten Aufklärungskampagne vermutet die ortsansässige Bergwacht, dass im Skigebiet der Anteil p aller Erwachsenen, die auf Alkoholkonsum beim Wintersport verzichten, mindestens 80 % beträgt. Die Bergwacht will die Nullhypothese H_0: $p \geqq 0{,}8$ auf dem Signifikanzniveau 5 % testen. Dazu wird bei 200 zufällig ausgewählten erwachsenen Wintersportlern ein Alkoholtest durchgeführt. Bestimmen Sie die zugehörige Entscheidungsregel mit einem möglichst großen Ablehnungsbereich.

(5) Von einer Bergstation führen zwei Abfahrten ins Tal, eine einfache „blaue" und eine anspruchsvolle „schwarze". Im Auftrag der ortsansässigen Skischule wird untersucht, ob die Wahl der Abfahrt geschlechtsabhängig ist. Eine über mehrere Wochen erstellte Statistik über die von der Bergstation abfahrenden Personen zeigt, dass 45 % unter ihnen weiblich sind; 22 % unter ihnen sind männlich und entscheiden sich für die schwarze Abfahrt, 27 % unter ihnen sind weiblich und wählen die blaue Abfahrt.
Eine in der Statistik erfasste Person wird zufällig ausgewählt. Untersuchen Sie die beiden Ereignisse „Die ausgewählte Person ist männlich" und „Die ausgewählte Person entscheidet sich für die blaue Abfahrt" auf stochastische Unabhängigkeit.

(6) Bei einem Abfahrtslauf der fortgeschrittenen Skifahrerinnen und Skifahrer der Klasse 7a werden von den 20 Teilnehmern (unter ihnen sind die 3 Mädchen aus dem Dreibettzimmer) die Startnummern von 1 bis 20 zufällig gezogen.
Wie groß ist jeweils die Wahrscheinlichkeit, dass diese 3 Mädchen

a) unter den ersten zehn Startern sind?

b) aufeinander folgende Startnummern ziehen?

ABI 6. Das Spiel „Gewinn mit Vier" besteht aus dem einmaligen Drehen des abgebildeten Laplace-Glücksrads mit 4 gleich großen Sektoren und dem einmaligen Werfen eines üblichen Laplace-Spielwürfels.

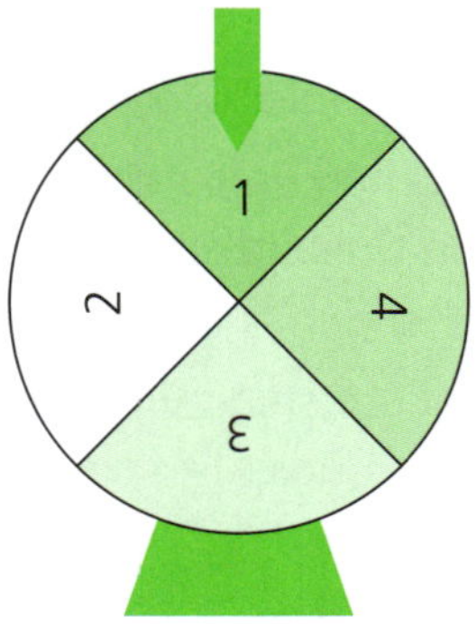

(1) Es werden die beiden Ereignisse
A: „Beim Drehen des Glücksrads wird die Zahl 4 erzielt" und
B: „Beim Werfen des Würfels wird die Zahl 4 erzielt"
betrachtet.
Drücken Sie die Ereignisse
C: „Keines der beiden Ereignisse A und B tritt ein" und
D: „Höchstens eines der beiden Ereignisse A und B tritt ein"
durch A und B in Mengenschreibweise aus und berechnen Sie P(C) und P(D).

In einer Spielshow spielt jeder Kandidat das Spiel „Gewinn mit Vier" genau einmal.

(2) Ein Kandidat erhält nur dann einen Kleingewinn, wenn er beim Spiel „Gewinn mit Vier" genau einmal die Zahl 4 erzielt.

a) Zeigen Sie, dass die Wahrscheinlichkeit dafür $\frac{1}{3}$ beträgt.

b) Für die Show wurden 5 Kleingewinne bereitgestellt. Wie groß ist die Wahrscheinlichkeit, dass diese ausreichen, wenn 15 Kandidaten am Spiel teilnehmen?

c) Wie viele Kandidaten müssen in der Show mindestens „Gewinn mit Vier" spielen, damit die Wahrscheinlichkeit, dass mindestens ein Kandidat einen Kleingewinn erhält, mehr als 99% beträgt?

(3) Ein Kandidat wird zur nächsten Show erneut eingeladen, wenn beim Spiel „Gewinn mit Vier" die Summe der beiden von ihm erzielten Zahlen den Wert 4 ergibt. Berechnen Sie die zugehörige Wahrscheinlichkeit.

(4) Erzielt ein Kandidat beim Spiel „Gewinn mit Vier" zweimal die Zahl 4, darf er an die Glückswand. An dieser sind zwölf Felder in zufälliger Anordnung beschriftet, und zwar je drei mit 0 €, 100 €, 500 € bzw. 1 000 €. Die folgende Abbildung zeigt eine mögliche Anordnung der Geldbeträge an der Glückswand:

100 €	0 €	500 €	100 €
0 €	1 000 €	500 €	100 €
500 €	0 €	1 000 €	1 000 €

Die Felder sind zunächst verdeckt. Ein Spieler darf vier Felder aufdecken und erhält die Summe der aufgedeckten Geldbeträge. Wie groß ist für einen Kandidaten die Wahrscheinlichkeit, dass er im Rahmen einer Show an die Glückswand darf und dort mindestens 3 000 € gewinnt?

(5) Es wird vermutet, dass die Wahrscheinlichkeit für die Augenanzahl 4 beim Würfel nicht mehr $\frac{1}{6}$ beträgt, sondern höher ist. Um zu entscheiden, ob der Würfel ausgetauscht werden muss, wird er 100-mal geworfen. Der Würfel soll ausgetauscht werden, wenn die Augenanzahl 4 dabei mehr als 20-mal erscheint. Wie groß ist die Wahrscheinlichkeit, dasss ein Laplace-Spielwürfel irrtümlich ausgetauscht wird?

(6) Die Wahrscheinlichkeit für einen Kleingewinn [vgl. Teilaufgabe (2)] soll von $\frac{1}{3}$ auf $\frac{1}{4}$ reduziert werden. Dazu verkleinert man den Sektor mit der Zahl 4 auf dem Glücksrad. Die Sektoren der anderen Zahlen werden so angepasst, dass sie wieder untereinander gleich groß sind und dass die Winkel aller Sektoren zusammen wieder 360° ergeben. Der Laplace-Spielwürfel bleibt unverändert.

a) Berechnen Sie die Wahrscheinlichkeit p, mit der die Zahl 4 nun beim Drehen des Glücksrads erzielt wird, und geben Sie die Größe des Winkels des zugehörigen Sektors an.

b) Begründen Sie, dass durch diese Änderungen am Glücksrad die Wahrscheinlichkeit für den Summenwert 4 gegenüber der Ausgangssituation [vgl. Teilaufgabe (3)] größer wird.

BE

M2. Stochastik
S I.

Folgendes Diagramm zeigt Daten zum Rauchverhalten in bestimmten Altersgruppen, die das Statistische Bundesamt im Rahmen einer repräsentativen statistischen Erhebung, dem Mikrozensus 2005, veröffentlicht hat.

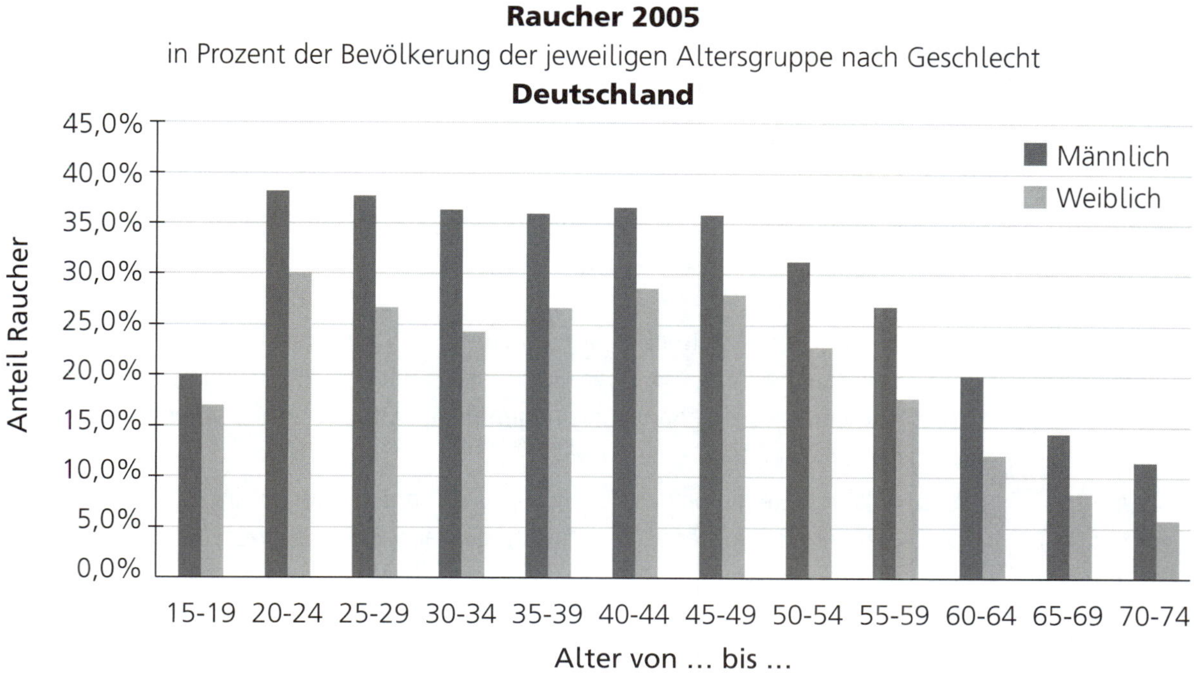

Dem Diagramm kann man beispielsweise entnehmen, dass 36% der 35- bis 39-jährigen Männer rauchen. Somit kann im Folgenden davon ausgegangen werden, dass die Wahrscheinlichkeit, dass ein zufällig ausgewählter Mann aus dieser Altersgruppe raucht, 36% beträgt.

2 **1.** a) Mit welcher Wahrscheinlichkeit ist ein zufällig ausgewählter 20- bis 24-jähriger Mann Nichtraucher?

2 b) Wie viel Prozent der Bevölkerung in der Altersgruppe der 20- bis 24-Jährigen rauchen, wenn man davon ausgeht, dass in dieser Altersgruppe gleich viele Frauen und Männer sind?

3 c) In einem Zeitungsartikel steht, dass 2005 die Anzahl rauchender Männer im Alter von 40 bis 44 Jahren mit 1,3 Millionen größer war als die entsprechende Anzahl bei den 20- bis 24-Jährigen mit 0,9 Millionen. Erläutern Sie, inwiefern die Zeitungsmeldung mit dem obigen Diagramm in Einklang stehen kann.

4 **2.** Vier Frauen wurden zufällig ausgewählt. Zwei gehören zur Altersgruppe der 20- bis 24-Jährigen und je eine zur Gruppe der 15- bis 19-Jährigen bzw. 60- bis 64-Jährigen. Bestimmen Sie die Wahrscheinlichkeit dafür, dass unter ihnen mindestens eine Raucherin ist.

(Fortsetzung nächste Seite)

BE

3. Zehn 20- bis 24-jährige Frauen wurden zufällig ausgewählt.

4 a) Bestimmen Sie jeweils die Wahrscheinlichkeit für die Ereignisse
A: „Unter ihnen sind genau drei Raucherinnen" und
B: „Unter ihnen sind höchstens vier Raucherinnen".

5 b) Ein Skeptiker meint, dass die Raucherrate unter den 20- bis 24-jährigen Frauen höher als 0,3 ist. Er testet die Nullhypothese H_0: $p \leqq 0{,}3$, wobei p die Wahrscheinlichkeit dafür angibt, dass eine 20- bis 24-jährige Frau raucht. Er stellt jeder der zehn ausgewählten Frauen die Frage „Sind Sie Raucherin?" und erhält folgendes Antwortprotokoll:
„ja – nein – ja – nein – ja – ja – nein – nein – nein – ja".
Untersuchen Sie, ob das Ergebnis der Befragung die Meinung des Skeptikers auf einem Signifikanzniveau von 5% stützt.

4. Zehn Raucher entschließen sich zu einer Entwöhnungskur. Zwei von ihnen sind starke Raucher, d. h. ihr Zigarettenkonsum übersteigt 20 Zigaretten pro Tag. Die Erfolgschancen der Behandlung liegen bei einem starken Raucher bei 60%, bei einem nicht starken Raucher bei 70%.

2 a) Wählen Sie die beiden Terme aus, welche die Wahrscheinlichkeit beschreiben, dass bei genau fünf der acht nicht starken Raucher die Entwöhnung erfolgreich ist.

(i) $\binom{8}{3} \cdot 0{,}3^3 \cdot 0{,}7^5$ (ii) $0{,}7^5 \cdot 0{,}3^3$ (iii) $1 - \binom{8}{3} \cdot 0{,}3^3 \cdot 0{,}7^5$

(iv) $\binom{8}{5} \cdot 0{,}3^5 \cdot 0{,}7^3$ (v) $\binom{8}{5} \cdot 0{,}7^5 \cdot 0{,}3^3$ (vi) $\binom{8}{3} \cdot 0{,}7^3 \cdot 0{,}3^5$

5 b) Berechnen Sie die Wahrscheinlichkeit, dass die Entwöhnung bei mindestens neun Personen der ganzen Gruppe Erfolg hat.

3 c) Im Verlauf der Behandlung wird ein Medikament getestet, das die Entwöhnung unterstützen soll. Fünf zufällig ausgewählte Gruppenmitglieder bekommen das Medikament, die anderen ein Placebo. Bestimmen Sie die Wahrscheinlichkeit, dass die beiden starken Raucher das Medikament bekommen.

30

BE

S II.

1. Graphologen beschäftigen sich mit der Analyse von Handschriften. Ein Graphologe bewirbt sich um eine Stelle. Der Personalchef der betreffenden Firma möchte ihn testen und legt ihm dazu Schriftproben vor. Jede Schriftprobe stammt entweder von einer entscheidungsfreudigen oder einer zögerlichen Person. Dies wird dem Bewerber mitgeteilt.

5 a) Man plant, den Bewerber einzustellen, wenn er bei mehr als zwei Dritteln von zwölf vorgelegten Schriftproben richtig entscheidet. Begründen Sie, dass der Bewerber die Stelle mit mehr als 7% Wahrscheinlichkeit bekommen würde, wenn er nur rät.

Dem Personalchef ist es zu riskant, dass ein nur ratender Bewerber die Stelle mit mehr als 7% Wahrscheinlichkeit bekommt. Er fordert, den Test so zu modifizieren, dass die Einstellungschance eines nur ratenden Bewerbers unter 3% gedrückt wird. Man entscheidet sich, die Anzahl vorgelegter Schriftproben auf 30 zu erhöhen und bei mehr als zwei Dritteln eine richtige Entscheidung zu verlangen.

3 b) Zeigen Sie, dass bei dem modifizierten Testverfahren die Forderung des Personalchefs erfüllt wird.

3 c) Der Graphologe interessiert sich anders als der Presonalchef mehr dafür, ob seine Fähigkeiten fälschlicherweise nicht erkannt werden. Er schätzt, dass er bei jeder einzelnen Schriftprobe mit 75% Wahrscheinlichkeit richtig entscheidet. Bestimmen Sie, wie hoch in diesem Fall die Wahrscheinlichkeit ist, dass er bei dem modifizierten Test als nur ratend eingestuft wird.

2 d) Das modifizierte Testverfahren kann als einseitiger Hypothesentest mit dem Signifikanzniveau 3% gedeutet werden. Geben Sie die zugehörige Nullhypothese und den Ablehnungsbereich an.

2. Man liest gelegentlich, dass eine nach rechts geneigte Handschrift einen Hinweis auf Aufgeschlossenheit darstellt. In einer Abteilung mit 50 Angestellten gelten 35 als aufgeschlossen; 40% der als aufgeschlossen geltenden Angestellten haben eine Handschrift, die nicht nach rechts geneigt ist. Weiter ist bei 6 Angestellten, die nicht als aufgeschlossen gelten, die Handschrift nach rechts geneigt.
Die Ereignisse R: „Ein zufällig ausgewählter Angestellter hat eine nach rechts geneigte Handschrift" und A: „Ein zufällig ausgewählter Angestellter gilt als aufgeschlossen" sollen auf stochastische Abhängigkeit untersucht werden.

4 a) Stellen Sie die beschriebene Situation in einem vollständig beschrifteten Baumdiagramm oder in einer vollständig ausgefüllten Vierfeldertafel dar.

2 b) Begründen Sie, dass die Ereignisse A und R stochastisch abhängig sind.

2 c) Von den im Vortext angegebenen Zahlenwerten soll nur der Prozentsatz 40% so abgeändert werden, dass die Ereignisse R und A dann stochastisch unabhängig sind. Geben Sie den geänderten Wert an.

(Fortsetzung nächste Seite)

BE	
	3. Es ist bekannt, dass 25% aller Unternehmen bei Neueinstellungen ein graphologisches Gutachten, d. h. eine Analyse der Handschrift des Bewerbers, zu Rate ziehen. Ein Stellensuchender bewirbt sich bei 20 Firmen.
2	a) Ermitteln Sie die Wahrscheinlichkeit dafür, dass genau fünf dieser Unternehmen ein graphologisches Gutachten einholen.
3	b) Bestimmen Sie die Wahrscheinlichkeit, dass die Anzahl der Unternehmen, die ein graphologisches Gutachten einholen, kleiner als der zugehörige Erwartungswert ist.
4	c) Begründen oder widerlegen Sie folgende Aussage: „Die Wahrscheinlichkeit, dass eine Zufallsvariable einen Wert annimmt, der kleiner als ihr Erwartungswert ist, beträgt höchstens 50%.“
30	

BE

Stochastik
Aufgabengruppe I

Ein Investor plant, in einer Gemeinde, die aus den Orten Oberberg und Niederberg besteht, eine Windkraftanlage zu errichten.

1. Um sich einen Überblick darüber zu verschaffen, wie die Einwohner zu diesem Vorhaben stehen, beschließt der Gemeinderat, eine Umfrage unter den Wahlberechtigten der Gemeinde durchzuführen. In Niederberg werden 1722, in Oberberg 258 Einwohner befragt. 1089 aller Befragten äußern keine Einwände gegen die Windkraftanlage, darunter sind allerdings nur 27 Einwohner von Oberberg. Die übrigen befragten Personen sprechen sich gegen die Windkraftanlage aus.

4 a) Bestimmen Sie jeweils den prozentualen Anteil der Gegner der Windkraftanlage unter den Befragten von Niederberg und unter den Befragten von Oberberg.

Aus allen Befragten wird zufällig eine Person ausgewählt.

4 b) Ermitteln Sie

- die Wahrscheinlichkeit p_1 dafür, dass die ausgewählte Person in Oberberg wohnt und sich gegen die Windkraftanlage aussprach.
- die Wahrscheinlichkeit p_2 dafür, dass die ausgewählte Person in Oberberg wohnt, wenn bekannt ist, dass sie sich gegen die Windkraftanlage aussprach.

2 c) Begründen Sie, dass kein Ergebnis der Umfrage denkbar ist, bei dem $p_1 > p_2$ ist.

Die Windkraftgegner schließen sich zu einer Bürgerinitiative zusammen.

2. Zur Aufbesserung ihrer finanziellen Mittel hat die Bürgerinitiative auf dem Gemeindefest ein Glücksrad mit zehn gleich großen Sektoren aufgebaut (vgl. Abbildung). Ein Spiel besteht aus dem einmaligen Drehen des Glücksrads; die erzielte Zahl gibt die Kategorie des Preises an, den der Spieler erhält.

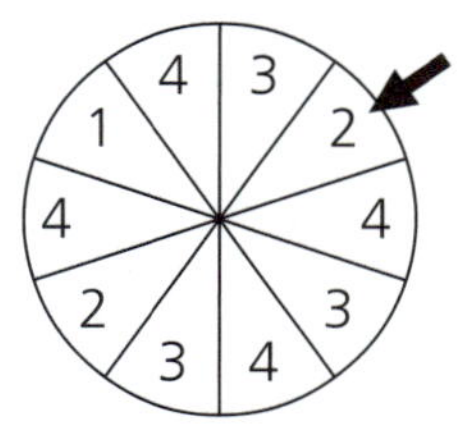

(Fortsetzung nächste Seite)

BE

5 a) Ein Preis der Kategorie 1 ist für die Bürgerinitiative mit Unkosten in Höhe von zehn Euro, ein Preis der Kategorie 2 mit Unkosten in Höhe von fünf Euro verbunden. Preise der Kategorien 3 und 4 werden von Sponsoren gestellt und verursachen keine Unkosten. Bestimmen Sie den im Mittel pro Spiel zu erwartenden Gewinn der Bürgerinitiative, wenn der Einsatz für ein Spiel 2,50 Euro beträgt und keine weiteren Unkosten anfallen.

5 b) Zehn Besucher des Gemeindefests drehen nacheinander jeweils einmal das Glücksrad. Geben Sie zu jedem der folgenden Ereignisse einen Term an, mit dem sich die Wahrscheinlichkeit des Ereignisses berechnen lässt.

A: „Nur die ersten fünf Preise entfallen auf die Kategorie 4."

B: „Genau die Hälfte der Preise entfällt auf die Kategorie 4."

C: „Die Preise verteilen sich jeweils zur Hälfte auf die Kategorien 1 und 4."

5 **3.** Die Bürgerinitiative veranstaltet am viel besuchten Badesee der Gemeinde eine Unterschriftenaktion gegen die geplante Windkraftanlage.
Berechnen Sie, wie hoch der Anteil p der Gegner der Windkraftanlage unter den Badegästen mindestens sein muss, damit sich unter zehn zufällig ausgewählten Badegästen mit einer Wahrscheinlichkeit von mindestens 99% wenigstens ein Gegner der Windkraftanlage befindet.

5 **4.** Aufgrund der vielfältigen Aktivitäten der Bürgerinitiative vermutet der Gemeinderat, dass inzwischen mindestens 55% der Wahlberechtigten der Gemeinde gegen die Errichtung der Windkraftanlage sind. Um diese Vermutung zu testen, werden 200 zufällig ausgewählte Wahlberechtigte der Gemeinde befragt. Wie muss die Entscheidungsregel mit einem möglichst großen Ablehnungsbereich lauten, wenn die Vermutung des Gemeinderats mit einer Wahrscheinlichkeit von höchstens 5% irrtümlich abgelehnt werden soll?

20

BE

Stochastik
Aufgabengruppe II

1. Auf der Strecke München-Tokio bietet eine Fluggesellschaft ihren Passagieren verschiedene Menüs an, darunter ein vegetarisches. Aus Erfahrung weiß man, dass sich im Mittel 10% der Passagiere für das vegetarische Menü entscheiden. Im Folgenden soll davon ausgegangen werden, dass die Passagiere ihre jeweilige Menüwahl unabhängig voneinander treffen.

4 a) Auf einem Flug nach Tokio sind 200 Passagiere an Bord. Bestimmen Sie die Wahrscheinlichkeit dafür, dass sich mindestens 20 und höchstens 25 Passagiere für das vegetarische Menü entscheiden.

Auf dem Rückflug nach München ist die Maschine mit 240 Passagieren besetzt.

3 b) Berechnen Sie die Wahrscheinlichkeit dafür, dass sich auf dem Rückflug genau 20 Passagiere für das vegetarische Menü entscheiden.

4 c) Tatsächlich entscheiden sich auf dem Rückflug sechs weibliche und vierzehn männliche Reisende für das vegetarische Menü. Ermitteln Sie, wie viele weibliche Reisende unter den Passagieren sind, wenn die Ereignisse „Ein zufällig ausgewählter Passagier ist weiblich.“ und „Ein zufällig ausgewählter Passagier entscheidet sich für das vegetarische Menü.“ unabhängig sind.

2. Die Fluggesellschaft beabsichtigt, ihren Passagieren neben dem Standardmenü gegen Zuzahlung ein Premiummenü anzubieten, möchte diesen Service jedoch nur dann einrichten, wenn er von mehr als 15% der Passagiere gewünscht wird. Die Nullhypothese „Höchstens 15% der Passagiere wünschen das Angebot eines Premiummenüs.“ soll auf der Basis einer Stichprobe von 200 Passagieren auf einem Signifikanzniveau von 5% getestet werden.

5 a) Bestimmen Sie die zugehörige Entscheidungsregel.

3 b) Die Fluggesellschaft hätte für den Test – bei gleichem Signifikanzniveau – anstelle der Nullhypothese

„Höchstens 15% der Passagiere wünschen das Angebot eines Premiummenüs.“

auch die Nullhypothese

„Mehr als 15% der Passagiere wünschen das Angebot eines Premiummenüs.“

wählen können. Bei der Wahl der Nullhypothese stand für die Fluggesellschaft eine der beiden folgenden Überlegungen im Vordergrund:

- Der irrtümliche Verzicht auf das Angebot des Premiummenüs wäre mit einem Imageverlust verbunden.
- Das irrtümliche Angebot des Premiummenüs wäre mit einem finanziellen Verlust verbunden.

Entscheiden Sie, welche der beiden Überlegungen für die Fluggesellschaft bei der Wahl der Nullhypothese im Vordergrund stand. Erläutern Sie Ihre Entscheidung.

(Fortsetzung nächste Seite)

BE

3. Bei einer Routineinspektion wird die Passagierkabine eines zufällig ausgewählten Flugzeugs des Typs X überprüft. Ein Mangel der Beleuchtung sowie ein Mangel der Klimaanlage liegen bei Flugzeugen dieses Typs jeweils mit einer bestimmten Wahrscheinlichkeit vor; diese Wahrscheinlichkeiten können der folgenden Vierfeldertafel entnommen werden.

B: Beleuchtung einwandfrei
$\overline{B}$: Beleuchtung mangelhaft
K: Klimaanlage einwandfrei
$\overline{K}$: Klimaanlage mangelhaft

	K	$\overline{K}$	
B	x	0,05	
$\overline{B}$			0,04
		0,06	1

3 a) Bestimmen Sie den Wert von x und beschreiben Sie das zugehörige Ereignis in Worten.

3 b) Mit welcher Wahrscheinlichkeit liegt bei dem zufällig ausgewählten Flugzeug des Typs X ein Mangel der Klimaanlage vor, wenn die Beleuchtung nicht einwandfrei funktioniert?

5 c) Bei Flugzeugen eines anderen Typs Y liegt ein Mangel der Klimaanlage mit einer Wahrscheinlichkeit von 4% vor. Die Wahrscheinlichkeit dafür, dass mindestens einer der beiden Mängel vorliegt, beträgt 5%. Wenn mindestens einer der beiden Mängel vorliegt, so funktioniert mit einer Wahrscheinlichkeit von 40% die Beleuchtung nicht einwandfrei. Stellen Sie zu der für Flugzeuge des Typs Y beschriebenen Situation eine vollständig ausgefüllte Vierfeldertafel auf.

30

LÖSUNGEN

Axiomatische Definition der Wahrscheinlichkeit – Wahrscheinlichkeit verknüpfter Ereignisse / Lösungen zu Seite 4/5

1. Definition des Gegenereignisses $\overline{A}$ von A:
(1) $A \cap \overline{A} = \varnothing$; (2) $A \cup \overline{A} = \Omega$
Wegen (1) gilt nach Axiom III: $P(A \cup \overline{A}) = P(A) + P(\overline{A})$ (1'), und
wegen (2) gilt nach Axiom II: $P(A \cup \overline{A}) = P(\Omega) = 1$ (2').
Aus (1') und (2') folgt $P(A) + P(\overline{A}) = 1$; $| - P(A)$
somit ist $P(\overline{A}) = 1 - P(A)$.

2. Es gilt (1) $\Omega \cap \varnothing = \varnothing$ und (2) $\Omega \cup \varnothing = \Omega$.
Wegen (1) gilt nach Axiom III: $P(\Omega \cup \varnothing) = P(\Omega) + P(\varnothing)$ (1'), und
wegen (2) gilt nach Axiom II: $P(\Omega \cup \varnothing) = P(\Omega) = 1$ (2').
Aus (1') und (2') folgt $1 + P(\varnothing) = 1$; $| - 1$
somit ist $P(\varnothing) = 0$.

3. a) $P(\{6\}) = P(\{1; 2; 4; 6\}) - P(\{1; 2; 4\}) = \frac{1}{12}$; $P(\{5\}) = P(\{5; 6\}) - P(\{6\}) = \frac{1}{12}$;
$P(\{4\}) = P(\{1; 2; 4\}) - P(\{1; 2\}) = \frac{1}{4}$; $P(\{3\}) = \frac{1}{3}$; $P(\{1\}) = P(\{1; 4; 6\}) - P(\{4\}) - P(\{6\}) = \frac{1}{12}$;
$P(\{2\}) = P(\{1; 2\}) - P(\{1\}) = \frac{1}{6}$

Augenanzahl	1	2	3	4	5	6
Wahrscheinlichkeit	$\frac{1}{12}$	$\frac{1}{6}$	$\frac{1}{3}$	$\frac{1}{4}$	$\frac{1}{12}$	$\frac{1}{12}$

b) $P(\Omega) = \frac{1}{12} + \frac{1}{6} + \frac{1}{3} + \frac{1}{4} + \frac{1}{12} + \frac{1}{12} = \frac{1+2+4+3+1+1}{12} = \frac{12}{12} = 1.$

4. a)

	A	$\overline{A}$	
B	$\frac{1}{4}$	$\frac{1}{4}$	$\frac{1}{2}$
$\overline{B}$	$\frac{1}{8}$	$\frac{3}{8}$	$\frac{1}{2}$
	$\frac{3}{8}$	$\frac{5}{8}$	1

b) $p_1 = 1 - P(\overline{A} \cap \overline{B}) = 1 - \frac{3}{8} = \frac{5}{8} \approx 63\%$
oder:
$p_1 = P(A \cap B) + P(A \cap \overline{B}) + P(\overline{A} \cap B) = \frac{1}{4} + \frac{1}{8} + \frac{1}{4} = \frac{5}{8}$;
$p_2 = P(A \cap \overline{B}) + P(\overline{A} \cap B) = \frac{1}{8} + \frac{1}{4} = \frac{3}{8} \approx 38\%$;
$p_3 = P_A(B) = \frac{P(A \cap B)}{P(A)} = \frac{\frac{1}{4}}{\frac{3}{8}} = \frac{2}{3} \approx 67\%$;
$p_4 = P_B(A) = \frac{P(A \cap B)}{P(B)} = \frac{\frac{1}{4}}{\frac{1}{2}} = \frac{1}{2} = 50\%$

5. $P(\text{„6“}) = 1 - \left(\frac{1}{6} + \frac{2}{15} + \frac{1}{6} + \frac{1}{5} + \frac{2}{15}\right) = \frac{1}{5}$ (Axiom II)

Augenanzahl	1	2	3	4	5	6
Wahrscheinlichkeit	$\frac{1}{6}$	$\frac{2}{15}$	$\frac{1}{6}$	$\frac{1}{5}$	$\frac{2}{15}$	$\frac{1}{5}$

$P(E_1) = P(\text{„2 oder 4 oder 6“}) = \frac{2}{15} + \frac{1}{5} + \frac{1}{5} = \frac{8}{15} \approx 53\%$
$P(E_2) = P(\text{„5 oder 6“}) = \frac{2}{15} + \frac{1}{5} = \frac{1}{3} \approx 33\%$
$P(\overline{E_1}) = 1 - P(E_1) = \frac{7}{15} \approx 47\%$
$P(E_4) = P(\text{„}2^2\text{“}) = \frac{1}{5} = 20\%$
$P(E_5) = P(\text{„2 · 2 oder 2 · 3“}) = \frac{1}{5} + \frac{1}{5} = \frac{2}{5} = 40\%$

Axiomatische Definition der Wahrscheinlichkeit – Wahrscheinlichkeit verknüpfter Ereignisse / Lösungen zu Seite 5

6.

	A	$\overline{A}$	
B	0,55	0,05	0,60
$\overline{B}$	0,20	0,20	0,40
	0,75	0,25	1,00

a) $P(\overline{A}) = 0{,}25$
b) $P(A \cup B) = 1 - P(\overline{A} \cap \overline{B}) = 1 - 0{,}20 = 0{,}80$ *oder:*
$P(A \cup B) = 0{,}55 + 0{,}20 + 0{,}05 = 0{,}80$
c) $P(A \cap \overline{B}) = 0{,}20$
d) $P(\overline{A} \cup \overline{B}) = 1 - P(A \cap B) = 1 - 0{,}55 = 0{,}45$ *oder:*
$P(\overline{A} \cup \overline{B}) = 0{,}20 + 0{,}05 + 0{,}20 = 0{,}45$
e) $P(\text{„Entweder A oder B“}) = P(A \cap \overline{B}) + P(\overline{A} \cap B) = 0{,}20 + 0{,}05 = 0{,}25$
f) $P(\text{„Entweder } \overline{A} \text{ oder B“}) = P(\overline{A} \cap \overline{B}) + P(A \cap B) = 0{,}20 + 0{,}55 = 0{,}75$

7.

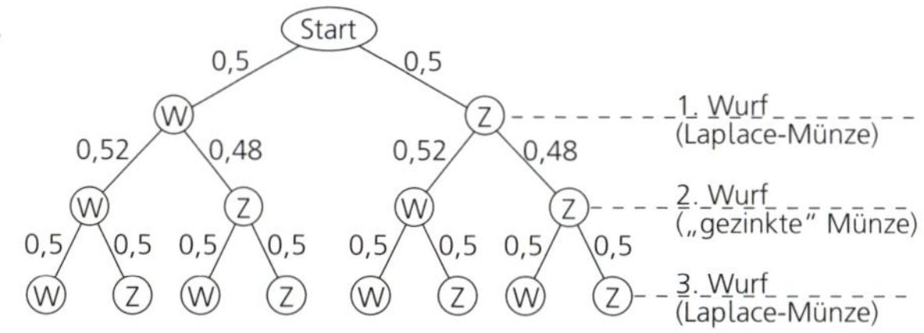

$P(WWW) = 0{,}5^2 \cdot 0{,}52 = 13\% = P(\text{„keinmal Zahl“})$;
$P(\text{„Genau zweimal Wappen“}) = 0{,}5^2 \cdot 0{,}52 + 0{,}5^2 \cdot 0{,}48 + 0{,}5^2 \cdot 0{,}52 = 0{,}5^2(0{,}52 + 0{,}48 + 0{,}52) =$
$= 0{,}5^2 \cdot 1{,}52 = 38\% = P(\text{„Genau einmal Zahl“})$;

$P(E_1) = 1 - 0{,}13 = 87\%$;
$P(E_2) = 1 - 0{,}5^2 = 75\%$ *oder* (Baumdiagramm):
$P(E_2) = 0{,}5^2 \cdot 0{,}52 + 0{,}5^2 \cdot 0{,}48 + 0{,}5 \cdot 1 = 0{,}5^2 \cdot 1 + 0{,}5 = 75\%$;
$P(E_3) = 0{,}5^2 = 25\%$ *oder* (Baumdiagramm):
$P(E_3) = 0{,}5^2 \cdot 0{,}52 + 0{,}5^2 \cdot 0{,}48 = 0{,}5^2 \cdot 1 = 25\%$
$P(E_4) = 13\%$
$P(E_5) = 38\% + 13\% = 51\%$

8. $P(\overline{A} \cap \overline{S}) = 1 - P(A \cup S) = 1 - 0{,}85 = 0{,}15$;
$P(A \cap \overline{S}) = 50\%$;
$P(A \cap S) = 1 - P(\overline{A} \cup \overline{S}) = 1 - 0{,}90 = 0{,}10$

	A	$\overline{A}$	
S	0,10	0,25	0,35
$\overline{S}$	0,50	0,15	0,65
	0,60	0,40	1,00

A: Alpinskifahrer
S: Snowboarder

$P(A) = 0{,}60$; $P(S) = 0{,}35$

9. a) $P(\text{„Mindestens einmal Nebenwirkungen“}) = 1 - 0{,}9^{12} \approx 71{,}8\%$;
$P(\text{„Genau einmal Nebenwirkungen“}) = 12 \cdot 0{,}1 \cdot 0{,}9^{11} \approx 37{,}7\%$

b) (1) $p_1 = 0{,}90 \cdot 0{,}92 = 82{,}8\%$
(2) $p_2 = 0{,}10 \cdot 0{,}92 = 9{,}2\%$
(3) $p_3 = 0{,}10 \cdot 1 + 0{,}9 \cdot 0{,}08 = 17{,}2\%$
oder: $p_3 = 1 - p_1 = 17{,}2\%$
(4) $p_4 = 0{,}10 \cdot 0{,}92 + 0{,}90 \cdot 1 = 99{,}2\%$
oder: $p_4 = 1 - 0{,}10 \cdot 0{,}08 = 99{,}2\%$

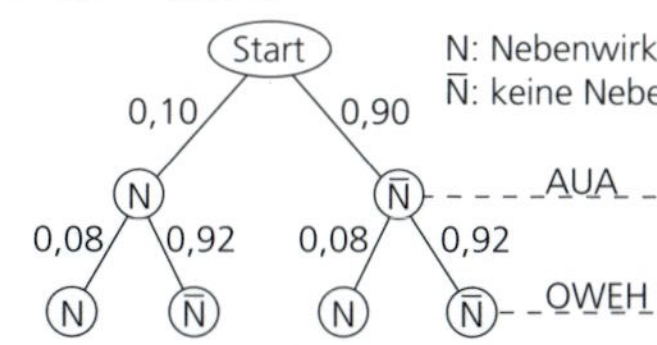

N: Nebenwirkungen
$\overline{N}$: keine Nebenwirkungen

Bedingte Wahrscheinlichkeit
Lösungen zu Seite 6

1. a)

	M	J	
H	26	11	37
$\overline{H}$	34	29	63
	60	40	100

M: Mädchen
J: Junge
H: (mindestens) ein Haustier

b) (1) $P_H(M) = \frac{P(M \cap H)}{P_H} = \frac{26}{37} \approx 70{,}3\%$ (2) $P_J(\overline{H}) = \frac{29}{40} = 72{,}5\%$

2.

	B	$\overline{B}$	
kommt pünktlich	0,35	0,25	0,60
kommt nicht pünktlich	0,15	0,25	0,40
	0,50	0,50	1,0

B: mit Bus

$P_{\text{pünktlich}}(B) = \frac{0{,}35}{0{,}60} \approx 58\%$

3. a)

	Frau	Mann	
N	0,27	0,24	0,51
$\overline{N}$	0,18	0,31	0,49
	0,45	0,55	1,00

N: Nichtraucher

b) $P_F(N) = \frac{0{,}27}{0{,}45} = 60\%$

c) $P_N(M) = \frac{0{,}24}{0{,}51} = 47\%$

4. a)

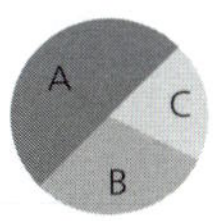

b) $0{,}5 \cdot 0{,}03 + 0{,}3 \cdot 0{,}04 + 0{,}2 \cdot x = 0{,}037;$
$0{,}2x = 0{,}037 - 0{,}015 - 0{,}012;$
$0{,}2x = 0{,}01;$
$x = 0{,}05$
Bei der Druckerei C treten 5% Fehldrucke auf.

c) F: Fehldrucke

$P_F(A) = \frac{0{,}5 \cdot 0{,}03}{0{,}037} \approx 40{,}5\%$

$P_F(B) = \frac{0{,}3 \cdot 0{,}04}{0{,}037} \approx 32{,}4\%$

$P_F(C) = \frac{0{,}2 \cdot 0{,}05}{0{,}037} \approx 27{,}0\%$

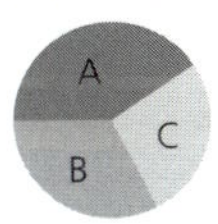

Infolge der kleinen Fehldruckhäufigkeit bei der Druckerei A (bzw. der großen Fehldruckhäufigkeit bei der Druckerei C) hat sich der Anteil von A verkleinert und der von C vergrößert; der Anteil von B ist etwa gleich geblieben.

Bedingte Wahrscheinlichkeit
Lösungen zu Seite 6/7

5.

	besucht die **F**estveranstaltung	besucht die Festveranstaltung nicht	
kauft den **J**ahresbericht	0,45	0,24	0,69
kauft den Jahresbericht nicht	0,15	0,16	0,31
	0,60	0,40	1,00

a) $P_J(F) = \frac{0{,}45}{0{,}69} \approx 65\%$

b) $P_{\overline{F}}(\overline{J}) = \frac{0{,}15}{0{,}60} = 25\%$

6.

	F	M	
H	0,24	0,46	0,70
$\overline{H}$	0,16	0,14	0,30
	0,40	0,60	1,00

F: Frau
M: Mann
H: mit Hochschulabschluss

$P_M(H) = \frac{0{,}46}{0{,}60} \approx 77\%$

7. a) $P(6) = \frac{1}{6} \approx 17\%$ b) $P_{\text{grün}}(6) = \frac{1}{4} = 25\%$

c) $P_{\text{keine Primzahl}}(6) = \frac{1}{3} \approx 33\%$

8. a)

	Frau	Mann	
spielt Tennis	0,12	0,27	0,39
spielt nicht Tennis	0,28	0,33	0,61
	0,40	0,60	1,00

b) P(Tennisspielerin) = 12%

c) $P_{\text{Mann}}(\text{spielt Tennis}) = \frac{0{,}27}{0{,}60} = 45\%$

9. a) $1 - 0{,}96^n > 0{,}50;$
$-0{,}96^n > -0{,}50;$
$0{,}96^n < 0{,}50;$
$n \log 0{,}96 < \log 0{,}50;$
$n > \frac{\log 0{,}50}{\log 0{,}96} = 16{,}979\ldots;\ n \in \mathbb{N}:$
$n \geq 17$
Die Stichprobe muss aus mindestens 17 Männern bestehen.

b) $P_{\text{farbenblind}}(\text{Frau}) = \frac{0{,}01 \cdot 0{,}3}{0{,}01 \cdot 0{,}3 + 0{,}04 \cdot 0{,}7} \approx 9{,}7\%$

Bedingte Wahrscheinlichkeit
Lösungen zu Seite 7

10. Urne 1: $p = \frac{1}{2}$

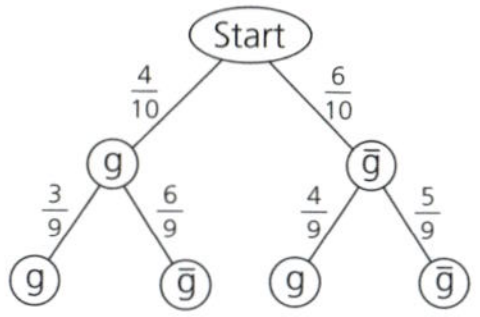

$p_1 = \frac{\frac{1}{2} \cdot \frac{4}{10} \cdot \frac{3}{9}}{\frac{1}{2}} = \frac{12}{90} = \frac{2}{15} \approx 13{,}3\%$

Urne 2: $p = \frac{1}{2}$

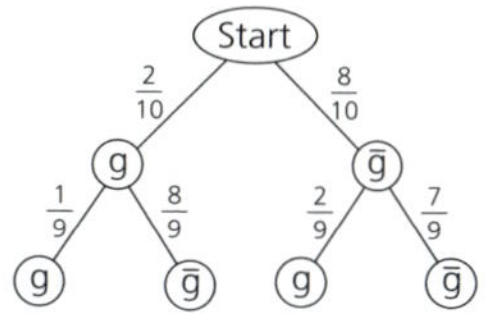

$p_2 = \frac{\frac{1}{2} \cdot \frac{2}{10} \cdot \frac{1}{9}}{\frac{1}{2}} = \frac{2}{90} = \frac{1}{45} \approx 2{,}2\%$

11.a) $0{,}35 \cdot 0{,}24 + 0{,}35 \cdot 0{,}07 + 0{,}30 \cdot x = 0{,}16;$

$0{,}084 + 0{,}0245 + 0{,}30x = 0{,}16;$

$0{,}30x = 0{,}0515;$

$x \approx 0{,}17 = 17\%$

b) $P_R(G) = \frac{0{,}35 \cdot 0{,}07}{0{,}16} \approx 15\%$

Stochastische Unabhängigkeit
Lösungen zu Seite 8

1. a)

	M	J	
H	25	55	80
$\overline{H}$	50	70	120
	75	125	200

H: hat mehr als 75% der Höchstpunktzahl erreicht

$P(E_1) = \frac{75}{200}$; $P(E_2) = \frac{80}{200}$; $P(E_1 \cap E_2) = \frac{25}{200} = \frac{1}{8} = 0{,}125$; $P(E_1) \cdot P(E_2) = 0{,}15 \neq P(E_1 \cap E_2)$:
Die Ereignisse E_1 und E_2 sind voneinander (stochastisch) abhängig.

b) $P(E_1 \cap E_2) = P(E_1) \cdot P(E_2) = \frac{75}{200} \cdot \frac{80}{200} = 0{,}15$; $0{,}15 \cdot 200 = 30$

	M	J	
H	30	50	80
$\overline{H}$	45	75	120
	75	125	200

2. a)

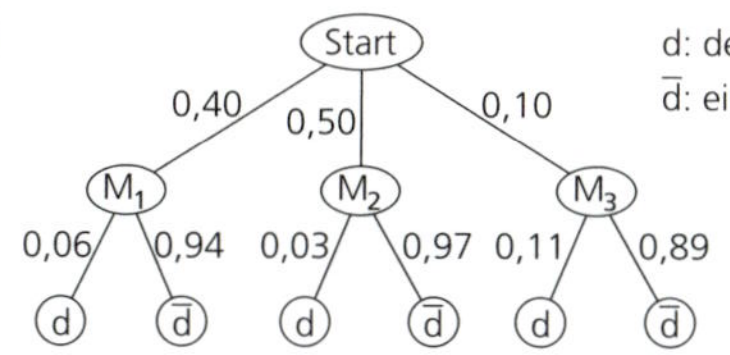

d: defekt
$\overline{d}$: einwandfrei

Ausschussanteil: $0{,}40 \cdot 0{,}06 + 0{,}50 \cdot 0{,}03 + 0{,}10 \cdot 0{,}11 = 0{,}05 = 5\%$

b) P(„defekt") = 0,05;
P(„defekt und von M_1") = $0{,}40 \cdot 0{,}06 = 0{,}024$;
$P_{\text{„defekt"}}$(„stammt von M_1") = $\frac{0{,}024}{0{,}05} = 48\%$

c) $P(E_1) = 0{,}40$; $P(E_2) = 0{,}40 \cdot 0{,}94 + 0{,}50 \cdot 0{,}97 + 0{,}10 \cdot 0{,}89 = 0{,}95$ *oder:*
$P(E_2) = 1 - 0{,}05 = 0{,}95$ [vgl. a)];
$P(E_1 \cap E_2) = 0{,}40 \cdot 0{,}94 = 0{,}376 \approx 0{,}38$; $P(E_1) \cdot P(E_2) = 0{,}40 \cdot 0{,}95 = 0{,}38$:
Die Ereignisse E_1 und E_2 können als voneinander (stochastisch) unabhängig angesehen werden.

3. a)

	A	$\overline{A}$	
B	0,14	0,56	0,70
$\overline{B}$	0,06	0,24	0,30
	0,20	0,80	1,00

b)

	A	$\overline{A}$	
B	0,30	0,45	0,75
$\overline{B}$	0,10	0,15	0,25
	0,40	0,60	1,00

c)

	A	$\overline{A}$	
B	0,12	0,18	0,30
$\overline{B}$	0,28	0,42	0,70
	0,40	0,60	1,00

d)

	A	$\overline{A}$	
B	$\frac{1}{18}$	$\frac{2}{45}$	0,10
$\overline{B}$	0,50	0,40	0,90
	$\frac{5}{9}$	$\frac{4}{9}$	1,00

zu **a)** $P(\overline{A}) = 1 - P(A) = 0{,}80$; $P(\overline{B}) = 1 - P(B) = 0{,}30$;
$P(A \cap B) = P(A) \cdot P(B) = 0{,}14$ (wg. Unabhängigkeit von A und B)
$P(\overline{A} \cap B) = 0{,}70 - 0{,}14 = 0{,}56$; $P(A \cap \overline{B}) = 0{,}20 - 0{,}14 = 0{,}06$;
$P(\overline{A} \cap \overline{B}) = P(\overline{A}) \cdot P(\overline{B}) = 0{,}80 \cdot 0{,}30 = 0{,}24$ (wg. der Unabhängigkeit von A und B sind auch $\overline{A}$ und $\overline{B}$ voneinander unabhängig)

Stochastische Unabhängigkeit
Lösungen zu Seite 8/9

zu **b)** $P(\overline{A}) = 1 - P(A) = 0{,}60$; $P(B) = 1 - P(\overline{B}) = 0{,}75$;
$P(\overline{A} \cap \overline{B}) = P(\overline{A}) \cdot P(\overline{B}) = 0{,}60 \cdot 0{,}25 = 0{,}15$;
$P(A \cap B) = P(A) \cdot P(B) = 0{,}40 \cdot 0{,}75 = 0{,}30$;
$P(A \cap \overline{B}) = 0{,}40 - 0{,}30 = 0{,}10$; $P(\overline{A} \cap B) = 0{,}75 - 0{,}30 = 0{,}45$

zu **c)** $P(A) = 1 - P(\overline{A}) = 0{,}40$;
$P(A \cap B) = P(A) \cdot P(B)$; $0{,}12 = 0{,}40 \cdot P(B)$; $P(B) = 0{,}30$;
$P(\overline{B}) = 1 - P(B) = 0{,}70$;
$P(\overline{A} \cap B) = 0{,}30 - 0{,}12 = 0{,}18$; $P(A \cap \overline{B}) = 0{,}40 - 0{,}12 = 0{,}28$;
$P(\overline{A} \cap \overline{B}) = P(\overline{A}) \cdot P(\overline{B}) = 0{,}60 \cdot 0{,}70 = 0{,}42$

zu **d)** $P(\overline{B}) = 1 - 0{,}10 = 0{,}90$; $P(\overline{A} \cap \overline{B}) = 1 - P(A \cup B) = 0{,}40$;
$P(A \cap \overline{B}) = 0{,}90 - 0{,}40 = 0{,}50$;
$P(\overline{A}) \cdot P(\overline{B}) = P(\overline{A} \cap \overline{B})$; $P(\overline{A}) \cdot 0{,}90 = 0{,}40$; $P(\overline{A}) = \frac{4}{9} \approx 0{,}44$;
$P(A) = 1 - \frac{4}{9} = \frac{5}{9} \approx 0{,}56$;
$P(A \cap B) = \frac{5}{9} - 0{,}50 = \frac{1}{18} \approx 0{,}06$
$P(\overline{A} \cap B) = 0{,}10 - \frac{1}{18} = \frac{2}{45} \approx 0{,}04$

4. a) Mögliche Summenwerte:
$1 + 1 = 2$; $1 + 2 = 2 + 1 = 3$; $1 + 3 = 2 + 2 = 3 + 1 = 4$;
$2 + 3 = 3 + 2 = 5$; $3 + 3 = 6$

Baumdiagramm:

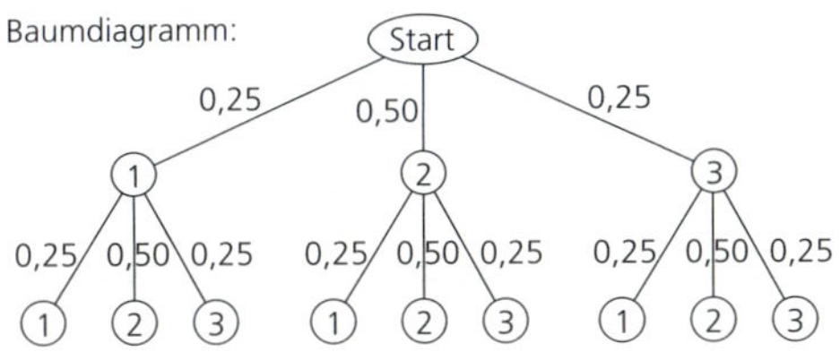

Wahrscheinlichkeiten:
$P(2) = 0{,}25 \cdot 0{,}25 = \frac{1}{16}$;
$P(3) = 0{,}25 \cdot 0{,}5 + 0{,}5 \cdot 0{,}25 = \frac{1}{4}$;
$P(4) = 0{,}25 \cdot 0{,}25 \cdot 0{,}5 \cdot 0{,}5 + 0{,}25 \cdot 0{,}25 = \frac{3}{8}$;
$P(5) = 0{,}5 \cdot 0{,}25 + 0{,}25 \cdot 0{,}5 = \frac{1}{4}$;
$P(6) = 0{,}25 \cdot 0{,}25 = \frac{1}{16}$

b) $P(E_1) = \frac{1}{16} + \frac{3}{8} + \frac{1}{16} = \frac{8}{16} = \frac{1}{2}$; $P(E_2) = 0{,}25 = \frac{1}{4}$; $P(E_1) \cdot P(E_2) = \frac{1}{2} \cdot \frac{1}{4} = \frac{1}{8}$;
$P(E_1 \cap E_2) = 0{,}25 \cdot 0{,}25 + 0{,}25 \cdot 0{,}25 = \frac{2}{16} = \frac{1}{8} = P(E_1) \cdot P(E_2)$:
Die Ereignisse E_1 und E_2 sind voneinander stochastisch unabhängig.

5.

	M	**F**	
kommt mit dem **A**uto	0,30	0,30	0,60
kommt mit dem **Z**ug	0,10	0,30	0,40
	0,40	0,60	1,00

$P(F \cap Z) = 0{,}30$;
$P(F) \cdot P(Z) = 0{,}60 \cdot 0{,}40 = 0{,}24 \neq P(F \cap Z)$:
Die beiden Ereignisse sind voneinander stochastisch abhängig.

Stochastische Unabhängigkeit
Lösungen zu Seite 9

6. a) Anteil der Brillenträger/Brillenträgerinnen unter den Schülern/Schülerinnen des Emmy-Noether-Gymnasiums: $p_1 = \frac{107 + 129}{449 + 547} = \frac{236}{996} \approx 24\%$
Anteil der Brillen tragenden Elternpaare unter den Elternpaaren des Emmy-Noether-Gymnasiums:
$p_2 = \frac{225}{449 + 547} = \frac{225}{996} \approx 23\%$
Anteil der Brillenträger/Brillenträgerinnen mit Brillen tragenden Elternpaaren unter den Schülern/Schülerinnen des Emmy-Noether-Gymnasiums: $p_3 = \frac{82}{996} \approx 8\%$
Da $p_1 \cdot p_2 \neq p_3$ ist, ist bei dieser Probandengruppe das Sehvermögen der Kinder vom Sehvermögen der Eltern stochastisch abhängig.

b) Anteil der Brillenträgerinnen unter den Schülerinnen: $p_4 = \frac{129}{547} \approx 24\%$
Anteil der Brillenträger unter den Schülern: $p_5 = \frac{107}{449} \approx 24\%$
Bei dieser Probandengruppe ergibt sich das Tragen der Brille als vom Geschlecht unabhängig.

Fit für Klausuren
Lösungen zu Seite 10/11

1. a) $50! \approx 3{,}04 \cdot 10^{64}$

b) $2^{25} \cdot (25!) \approx 5{,}20 \cdot 10^{32}$

c) (1) $P(54) = 0{,}92^{54} \approx 1{,}1\%$

(2) $P(53) = 54 \cdot 0{,}92^{53} \cdot 0{,}08 \approx 5{,}2\%$

d)

	Jugendlicher	Erwachsener	
kauft Getränke	0,27	0,32	0,59
kauft kein(e) Getränk(e)	0,33	0,08	0,41
	0,60	0,40	1,00

$P_{\text{„kauft Getränk"}}(J) = \frac{0{,}27}{0{,}59} \approx 46\%$

2. a) Alle vier haben die gleiche Wahrscheinlichkeit $\frac{1}{6}$; das Spiel ist also fair.

b) (1) (AB) (CD); (AC) (BD); (AD) (BC)

(2) (AB): Pasch und Augensummenwert 7 haben eine leere Schnittmenge.
(AD): Augensummenwert über 9 und Augensummenwert genau 7 haben eine leere Schnittmenge.

(3) (AC): $P(A \cap C) = P(\{6\,;\,1\}) = \frac{1}{36} = \frac{1}{6} \cdot \frac{1}{6} = P(A) \cdot P(C)$

(BC): $P(B \cap C) = P(\{6\,;\,6\}) = \frac{1}{36} = \frac{1}{6} \cdot \frac{1}{6} = P(B) \cdot P(C)$

Interpretation: Spielerinnen und Spieler, deren Interessen stochastisch unabhängig voneinander sind, brauchen nicht miteinander zu agieren. Sie sollten weder miteinander noch gegeneinander spielen.

3.

	A	$\overline{A}$	
B	0,25	0,35	0,60
$\overline{B}$	0,30	0,10	0,40
	0,55	0,45	1,00

$P(A \cap B) = 0{,}25$

$P(A \cup B) = 0{,}25 + 0{,}35 + 0{,}30 = 0{,}90 = 1 - 0{,}10;$

$P_B(A) = \frac{0{,}25}{0{,}60} = \frac{5}{12} \approx 0{,}42;$

$P_A(B) = \frac{0{,}25}{0{,}55} = \frac{5}{11} \approx 0{,}45;$

$P_{\overline{B}}(A) = \frac{0{,}30}{0{,}40} = \frac{3}{4} = 0{,}75;$

$P_{\overline{A}}(B) = \frac{0{,}35}{0{,}45} = \frac{7}{9} \approx 0{,}78$

4. a) $p_1 = 10 \cdot 0{,}85^9 \cdot 0{,}15 \approx 34{,}7\%$

b) $p_2 = 0{,}85^{10} + p_1 \approx 54{,}4\%$

c) $p_3 = 1 - 0{,}85^{10} \approx 80{,}3\%$

	Bauteil defekt	Bauteil nicht defekt	
Bauteil als defekt angezeigt	0,1350	0,0425	0,1775
Bauteil als nicht defekt angezeigt	0,0150	0,8075	0,8225
	0,1500	0,8500	1,0000

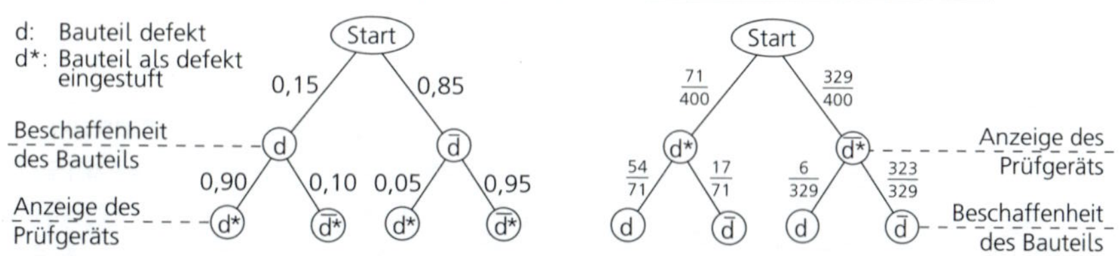

Fit für Klausuren
Lösungen zu Seite 11/12

d) $p_4 = 0{,}15 \cdot 0{,}90 + 0{,}85 \cdot 0{,}95 = 94{,}25\%$

e) $P_{d^*}(d) = \frac{0{,}15 \cdot 0{,}90}{0{,}15 \cdot 0{,}90 + 0{,}85 \cdot 0{,}05} = \frac{\frac{54}{400}}{\frac{71}{400}} = \frac{54}{71} \approx 76{,}1\%$

f) $P_{\overline{d^*}}(\overline{d}) = \frac{0{,}85 \cdot 0{,}95}{0{,}15 \cdot 0{,}10 + 0{,}85 \cdot 0{,}95} = \frac{\frac{323}{400}}{\frac{329}{400}} = \frac{323}{329} \approx 98{,}2\%$

5. Anteil der Männer: 0,6

Anteil der bei diesem Test erfolgreichen Männer: x

$0{,}6 \cdot (1 - x) = 0{,}75 \cdot [0{,}4 \cdot 0{,}1 + 0{,}6 \cdot (1 - x)];$

$0{,}6 - 0{,}6x = 0{,}03 + 0{,}45 - 0{,}45x;$

$-0{,}15x = -0{,}12;$

$x = 0{,}8$

80% der männlichen Teilnehmer bestanden den Einstellungstest.

6.

	J	M	
K	0,32	$\frac{26}{75}$	$\frac{2}{3}$
$\overline{K}$	**0,16**	$\frac{13}{75}$	$\frac{1}{3}$
	0,48	**0,52**	**1**

J: Junge
M: Mädchen
K: kennt STARFIT

$1 - 0{,}52 = 0{,}48;$ $0{,}48 - 0{,}16 = 0{,}32;$

E_1 und E_2 sind voneinander stochastisch unabhängig:

$P(K) \cdot P(J) = P(K \cap J);$

$P(K) \cdot 0{,}48 = 0{,}32;$

$P(K) = \frac{2}{3};$

STARFIT war zwei Dritteln der befragten Jungendlichen bekannt.

7. a) $P(E_1) = \frac{2}{8} = \frac{1}{4} = 25\%$

$P(E_2) = \frac{2}{8} \cdot \frac{6}{8} + \frac{6}{8} \cdot \frac{2}{8} + \frac{2}{8} \cdot \frac{2}{8} = \frac{1}{4} \cdot \frac{3}{4} + \frac{3}{4} \cdot \frac{1}{4} + \frac{1}{4} \cdot \frac{1}{4} = \frac{7}{16} \approx 44\%$

Hinweis: 1. Kugel blau; 6. Kugel weiß *oder* 1. Kugel weiß; 6. Kugel blau *oder* 1. Kugel blau; 6. Kugel blau

Wegen E_1: „Die sechste Kugel ist blau" und
E_2: „Weder die erste noch die sechste Kugel ist blau"
gilt $E_3 = E_1 \cap \overline{E_2} = \varnothing$, also $P(E_3) = 0$.

b) $1 - \left(\frac{6}{8}\right)^n > 0{,}995;$

$-\left(\frac{3}{4}\right)^n > -0{,}005;$

$\left(\frac{3}{4}\right)^n < 0{,}005;$

$n \log 0{,}75 < \log 0{,}005;$

$n > \frac{\log 0{,}005}{\log 0{,}75};$ $(\log 0{,}75 < 0)$

$n > 18{,}417\ldots;$

Man muss mindestens 19-mal ziehen.

Fit für Klausuren
Lösungen zu Seite 12/13

c) (1)

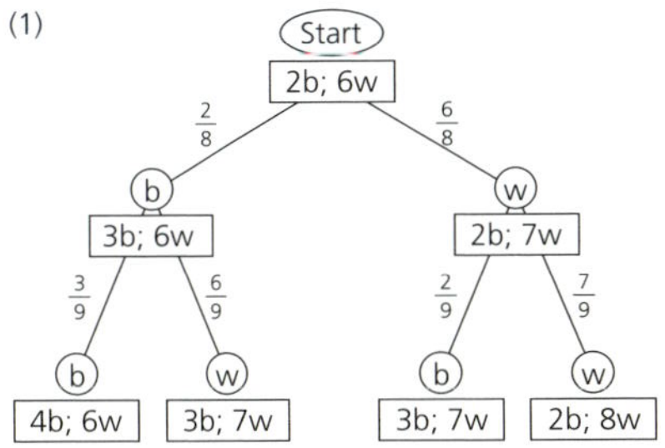

(2) P(„3 blaue und 7 weiße Kugeln") $= \frac{2}{8} \cdot \frac{6}{9} + \frac{6}{8} \cdot \frac{2}{9} = \frac{1}{3} \approx 33\%$

(3) $P(E_4) = \frac{2}{8} = \frac{1}{4}$; $P(E_5) = \frac{2}{8} \cdot \frac{6}{9} + \frac{6}{8} \cdot \frac{7}{9} = \frac{3}{4}$;

$P(E_4 \cap E_5) = \frac{2}{8} \cdot \frac{6}{9} = \frac{1}{6}$; $P(E_4) \cdot P(E_5) = \frac{1}{4} \cdot \frac{3}{4} = \frac{3}{16} \neq P(E_4 \cap E_5)$:
Die Ereignisse sind voneinander stochastisch abhängig.

8. a) falsch: $P(A \cup B) = 15\% + 55\% + 10\%$ $(= 1 - 20\%) = 80\% \neq 65\%$

b) wahr: $P(A \cap \overline{B}) + P(\overline{A} \cap B) = 10\% + 55\% = 65\%$

c) wahr: $P_A(B) = \frac{P(A \cap B)}{P(A)} = \frac{15\%}{25\%} = 60\%$

d) wahr: $P_B(A) = \frac{P(A \cap B)}{P(B)} = \frac{10\%}{30\%} = \frac{1}{3} = 33\frac{1}{3}\%$

e) falsch: $P_A(\overline{B}) = \frac{P(A \cap \overline{B})}{P(A)} = \frac{10\%}{25\%} = 40\% \neq 30\%$

f) falsch: $P(\overline{A} \cap \overline{B}) = 20\%$; $P(\overline{A}) \cdot P(\overline{B}) = 75\% \cdot 30\% = 22{,}5\% \neq P(\overline{A} \cap \overline{B})$

9. a) 6! = 720 b) 3! · (3!) · 2 = 72 c) 4! · 2 = 48

10.

	A	$\overline{A}$	
B	0,29	0,11	0,40
$\overline{B}$	0,41	0,19	0,60
	0,70	0,30	1,00

$P(A) + P(\overline{A}) = 1$; $P(\overline{A}) = 0{,}30$;
$P(B) + P(\overline{B}) = 1$; $P(\overline{B}) = 0{,}60$;
$P(A \cup B) = P(A) + P(\overline{A} \cap B)$;
$P(\overline{A} \cap B) = 0{,}81 - 0{,}70 = 0{,}11$;
$P(A \cap B) = 0{,}40 - 0{,}11 = 0{,}29$;
$P(A \cap \overline{B}) = 0{,}70 - 0{,}29 = 0{,}41$;
$P(\overline{A} \cap \overline{B}) = 0{,}30 - 0{,}11 = 0{,}19$;
$P_B(A) = \frac{P(A \cap B)}{P(B)} = \frac{0{,}29}{0{,}40} = 0{,}725$;
$P_A(B) = \frac{P(A \cap B)}{P(A)} = \frac{0{,}29}{0{,}70} \approx 0{,}41$;
$P_{\overline{A}}(\overline{B}) = \frac{P(\overline{A} \cap \overline{B})}{P(\overline{A})} = \frac{0{,}19}{0{,}30} \approx 0{,}63$

Fit für Klausuren
Lösungen zu Seite 13/14

11. A und B sind miteinander unvereinbar; also gilt $P(A \cup B) = P(A) + P(B)$ und $P(A \cap B) = 0$. Somit ist
$P_{A \cup B}(B) = \frac{P[(A \cup B) \cap B]}{P(A \cup B)} = \frac{P(B)}{P(A \cup B)} = \frac{b}{a + b}$.

	A	$\overline{A}$	
B	0	b	b
$\overline{B}$	a	1 – a – b	1 – b
	a	1 – a	1

12.

	Dolocap (ohne Nebenwirkungen)	Dolocap (mit Nebenwirkungen)	
Gastralgon (ohne Nebenwirkungen)	0,81	0,11	0,92
Gastralgon (mit Nebenwirkungen)	0,07	0,01	0,08
	0,88	0,12	1,00

Hinweis: 0,88 · 0,92 ≈ 0,81 (Unabhängigkeit)

a) $p_1 = 1 - 0{,}88^{10} \approx 72{,}1\%$

b) $p_2 = 10 \cdot 0{,}12 \cdot 0{,}88^9 \approx 38{,}0\%$

c) $p_3 = 0{,}88^{10} + p_2 \approx 65{,}8\%$

d) $p_4 = 0{,}88 \cdot 0{,}92 \approx 81\%$

e) $p_5 = 1 - 0{,}88 \cdot 0{,}92 \approx 19\%$

f) $p_6 = 1 - 0{,}12 \cdot 0{,}08 \approx 99\%$

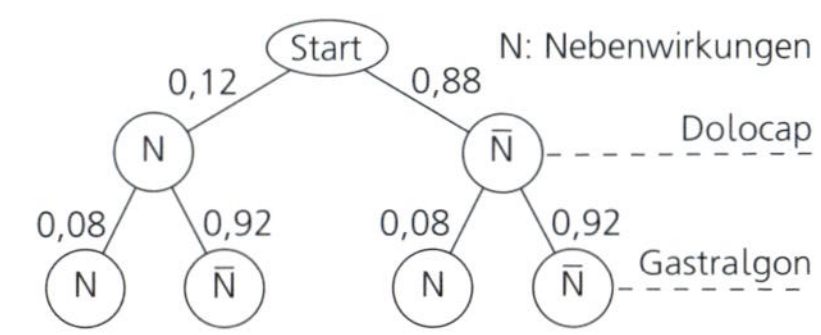

13. a)

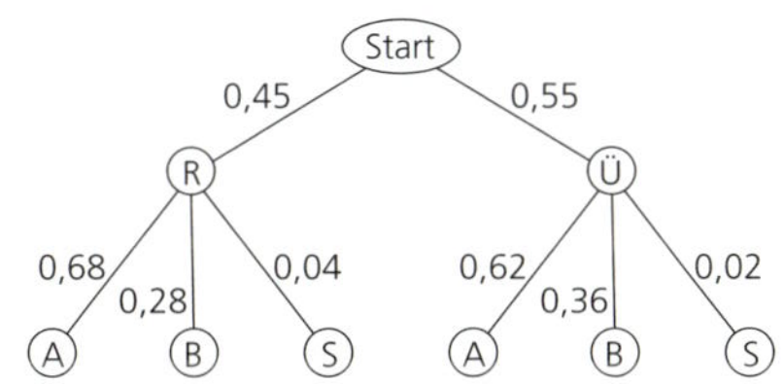

Elementarereignis	RA	RB	RS	ÜA	ÜB	ÜS
Wahrscheinlichkeit	0,306	0,126	0,018	0,341	0,198	0,011

$E_1 = Ü \cup B$; $E_2 = R \cap (B \cup S)$

b) (1) P(„mindestens eine Person zahlt mit Kreditkarte") $= 1 - 0{,}8^{12} \approx 93\%$

(2) $p^{12} \geq 0{,}5$; $p \geq \sqrt[12]{0{,}5}$; $p \geq 94{,}38\ldots\%$

c) (1) E_3: „Der Besucher geht ins Varieté und fährt mit dem Wildwasserboot"
E_4: „Der Besucher geht ins Varieté, fährt aber nicht mit dem Wildwasserboot"

(2) $P(E_3) = P(W \cap V) = 45\%$; $P(E_4) = 30\%$
$P(W) \cdot P(V) = 0{,}65 \cdot 0{,}75 = 0{,}4875 \neq P(W \cap V)$:
Die Ereignisse W und V sind nicht voneinander stochastisch unabhängig.

	V	$\overline{V}$	
W	0,45	0,20	0,65
$\overline{W}$	0,30	0,05	0,35
	0,75	0,25	1,00

Fit für Klausuren
Lösungen zu Seite 15

14.

	E_1	$\overline{E_1}$	
E_2	0,3	0,1	0,4
$\overline{E_2}$	0,4	0,2	0,6
	0,7	0,3	1,0

$P(E_1 \cap \overline{E_2}) = 0{,}7 - 0{,}3 = 0{,}4;$
$P(\overline{E_1} \cap E_2) = 0{,}4 - 0{,}3 = 0{,}1;$
$P(\overline{E_2}) = 1{,}0 - 0{,}4 = 0{,}6;$
$P(\overline{E_1} \cap \overline{E_2}) = 0{,}6 - 0{,}4 = 0{,}2;$
$P(\overline{E_1}) = 0{,}1 + 0{,}2 = 0{,}3$

a) $P(\overline{E_1}) = 0{,}3$

b) $P(E_1 \cup E_2) = 0{,}1 + 0{,}3 + 0{,}4 = 0{,}8$
oder
$P(E_1 \cup E_2) = 0{,}4 + 0{,}7 - 0{,}3 = 0{,}8$

c) $P(E_1 \cup \overline{E_2}) = 0{,}3 + 0{,}4 + 0{,}2 = 0{,}9$
oder
$P(E_1 \cup \overline{E_2}) = 0{,}7 + 0{,}6 - 0{,}4 = 0{,}9$

d) $P_{E_1}(E_2) = \frac{P(E_1 \cap E_2)}{P(E_1)} = \frac{0{,}3}{0{,}7} = \frac{3}{7} \approx 0{,}4$

15.

	E_1	$\overline{E_1}$	
E_2	0,2	0,1	0,3
$\overline{E_2}$	0,5	0,2	0,7
	0,7	0,3	1,0

$P(E_1) = 1 - 0{,}3 = 0{,}7;$
$P(E_1 \cap \overline{E_2}) = 0{,}7 - 0{,}2 = 0{,}5;$
$P(\overline{E_1} \cap E_2) = P(E_1 \cup E_2) - P(E_1) = 0{,}8 - 0{,}7 = 0{,}1;$
$P(E_2) = 0{,}2 + 0{,}1 = 0{,}3;$
$P(\overline{E_1} \cap \overline{E_2}) = 0{,}3 - 0{,}1 = 0{,}2;$
$P(\overline{E_2}) = 0{,}5 + 0{,}2 = 0{,}7$

a) $P(E_1) = 0{,}7$

b) $P(E_2) = 0{,}3$

c) $P(\overline{E_1} \cup \overline{E_2}) = 0{,}1 + 0{,}2 + 0{,}5 = 0{,}8$
oder
$P(\overline{E_1} \cup \overline{E_2}) = 0{,}7 + 0{,}3 - 0{,}2 = 0{,}8$
oder
$P(\overline{E_1} \cup \overline{E_2}) = P(\overline{E_1 \cap E_2}) = 1 - P(E_1 \cap E_2) = 1 - 0{,}2 = 0{,}8$

d) $P_{E_2}(E_1) = \frac{P(E_1 \cap E_2)}{P(E_2)} = \frac{0{,}2}{0{,}3} = \frac{2}{3} \approx 0{,}7$

Fit für Klausuren
Lösungen zu Seite 16/17

16.

	E_1	$\overline{E_1}$	
E_2	0,1	0,1	0,2
$\overline{E_2}$	0,4	0,4	0,8
	0,5	0,5	1,0

Wenn die Ereignisse E_1 und E_2 voneinander stochastisch unabhängig sind, gilt $P(E_1 \cap E_2) = P(E_1) \cdot P(E_2) = 0{,}5 \cdot 0{,}2 = 0{,}1;$
$P(\overline{E_1}) = 1{,}0 - 0{,}5 = 0{,}5;$
$P(\overline{E_2}) = 1{,}0 - 0{,}2 = 0{,}8;$
$P(E_1 \cap \overline{E_2}) = 0{,}5 - 0{,}1 = 0{,}4;$
$P(\overline{E_1} \cap E_2) = 0{,}2 - 0{,}1 = 0{,}1;$
$P(\overline{E_1} \cap \overline{E_2}) = 0{,}5 - 0{,}1 = 0{,}4$

a) $P(E_1 \cap E_2) = 0{,}1$

b) $P(\overline{E_1} \cup \overline{E_2}) = 0{,}1 + 0{,}4 + 0{,}4 = 0{,}9$
oder
$P(\overline{E_1} \cup \overline{E_2}) = 0{,}5 + 0{,}8 - 0{,}4 = 0{,}9$
oder
$P(\overline{E_1} \cup \overline{E_2}) = P(\overline{E_1 \cap E_2}) = 1 - P(E_1 \cap E_2) = 1 - 0{,}1 = 0{,}9$

c) $P_{\overline{E_1}}(E_2) = \frac{P(\overline{E_1} \cap E_2)}{P(\overline{E_1})} = \frac{0{,}1}{0{,}5} = 0{,}2$

17. a) $p_a = 1 - 0{,}75 = 0{,}25 = 25\%$

b) $p_b = 0{,}75 \cdot 0{,}75 = \frac{9}{16} \approx 56\%$

c) $p_c = 0{,}75^7 \approx 13\%$

d) $p_d = (1 - 0{,}75) \cdot 0{,}2 \cdot 0{,}75 = 0{,}25 \cdot 0{,}2 \cdot 0{,}75 = 0{,}0375 \approx 4\%$

e) $p_e = (1 - 0{,}75) \cdot 0{,}8^6 \approx 7\%$

18.

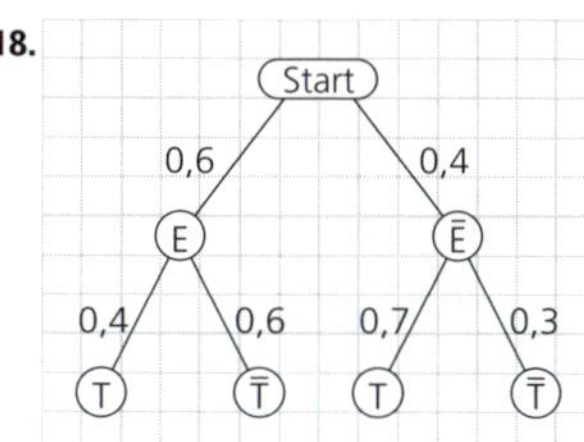

E: „Gast kauft Eintrittskarte"
T: „Gast kauft T-Shirt"

$P_T(E) = \frac{P(E \cap T)}{P(T)} = \frac{0{,}6 \cdot 0{,}4}{0{,}6 \cdot 0{,}4 + 0{,}4 \cdot 0{,}7} = \frac{0{,}24}{0{,}52} \approx 46\%$

19.

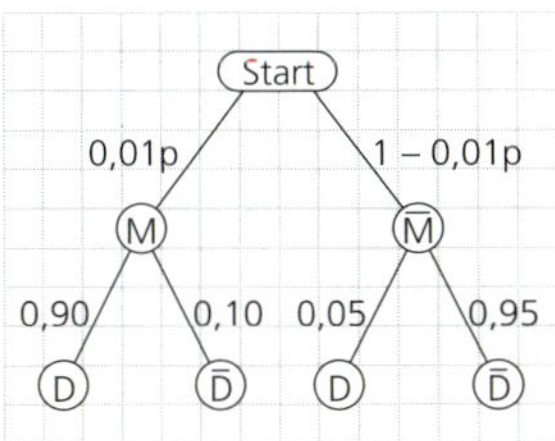

M: „Der Patient ist tatsächlich mit dem M-Virus infiziert"
D: „Beim Patienten wird eine M-Virus-Infektion diagnostiziert"

$P_D(M) = \frac{P(D \cap M)}{P(D)} = \frac{0{,}01p \cdot 0{,}90}{0{,}01p \cdot 0{,}90 + (1 - 0{,}01p) \cdot 0{,}05} = \frac{0{,}009p}{0{,}009p + 0{,}05 - 0{,}0005p} = \frac{0{,}009p}{0{,}0085p + 0{,}05} = \frac{0{,}9p}{0{,}85p + 5}$;

$\frac{0{,}9p}{0{,}85p + 5} > 0{,}9$;
$0{,}9p > 0{,}765p + 4{,}5$;
$0{,}135p > 4{,}5$;
$p > 33\frac{1}{3}$:

Falls mehr als ein Drittel der Patienten dieser Praxis mit dem M-Virus infiziert ist, ist die Wahrscheinlichkeit, dass ein als infiziert diagnostizierter Patient tatsächlich infiziert ist, größer als 90%.

20. E_1: „Teil A ist defekt"; E_2: „Teil B ist defekt"; E_3: „Gerät ist defekt";
$E_1 \cap E_3 = E_1$; $E_2 \cap E_3 = E_2$;
$P(E_3) = d\%$ $(0 \leq d \leq 100)$;
$P_{E_3}(E_1 \cap \overline{E_2}) = 70\%$;
$P_{E_3}(\overline{E_1} \cap E_2) = 20\%$;
$P_{E_3}(E_1 \cap E_2) = 10\%$;
$P(E_1 \cap \overline{E_2}) = 0{,}70d\%$;
$P(\overline{E_1} \cap E_2) = 0{,}20d\%$;
$P(E_1 \cap E_2) = 0{,}10d\%$;
$P(E_1) = P(E_1 \cap E_2) + P(E_1 \cap \overline{E_2}) = 0{,}80d\%$;
$P(E_2) = P(E_1 \cap E_2) + P(\overline{E_1} \cap E_2) = 0{,}30d\%$

a) $P_{E_3}(E_1 \cap \overline{E_2}) = 70\%$

b) $P(E_1 \cap E_2) = 0{,}10d\%$; $P(E_1) \cdot P(E_2) = 0{,}80d\% \cdot 0{,}30d\% = 0{,}24(d\%)^2$;
E_1 und E_2 voneinander stochastisch abhängig:
$P(E_1 \cap E_2) \neq P(E_1) \cdot P(E_2)$;
$0{,}10d\% \neq 0{,}24(d\%)^2$;
$d\% \cdot (0{,}24d\% - 0{,}10) \neq 0$; $d \neq 0 \wedge d \neq \frac{0{,}10}{0{,}24 \cdot 0{,}01} = 41\frac{2}{3}$:
Für jeden Wert von $d \in]0; 100] \setminus \{41\frac{2}{3}\}$ sind die beiden Ereignisse E_1 und E_2 voneinander stochastisch abhängig.

c) $P_{E_1}(E_2) = \frac{P(E_1 \cap E_2)}{P(E_1)} = \frac{0{,}10d\%}{0{,}80d\%} = \frac{1}{8} = 12{,}5\%$ (falls $d \neq 0$ ist)

d) Erwartungswert für die Reparaturkosten R eines defekten Geräts ($d \neq 0$):
$E(R) = 30\ € \cdot \frac{P(E_1 \cap \overline{E_2})}{P(E_3)} + 50\ € \cdot \frac{P(\overline{E_1} \cap E_2)}{P(E_3)} + 80\ € \cdot \frac{P(E_1 \cap E_2)}{P(E_3)} = 30\ € \cdot 0{,}70 + 50\ € \cdot 0{,}20 + 80\ € \cdot 0{,}10 =$
$= 21\ € + 10\ € + 8\ € = 39\ €$
Erwartungswert für die Reparaturkosten R* eines Geräts überhaupt:
$E(R^*) = 39\ € \cdot d\%$

21. a) $P(X = 2) = 0{,}75^2 \approx 56\%$

b) $P(X \geq 1) = P(X = 1) + P(X = 2) = 2 \cdot 0{,}75 \cdot 0{,}25 + 0{,}75^2 \approx 94\%$
oder
$P(X \geq 1) = 1 - P(X = 0) = 1 - 0{,}25^2 \approx 94\%$

c) $P(X = 1) = 2 \cdot 0{,}75 \cdot 0{,}25 \approx 38\%$

d) $P(T; N) = 0{,}75 \cdot 0{,}25 \approx 19\%$
$P(X \geq 1) > 0{,}99$; $1 - P(X = 0) > 0{,}99$; $P(X = 0) < 0{,}01$; $0{,}25^n < 0{,}01$; | log (...)
$n \log 0{,}25 < \log 0{,}01$; | : log 0,25 [log 0,25 < 0]
$n > \frac{\log 0{,}01}{\log 0{,}25} = 3{,}3219...$; $n \in \mathbb{N}$:
„Long Joe" muss dazu mindestens vier Freiwürfe vornehmen.

22. a) $P(C) = \frac{400}{1\,000} = 0{,}40$; $P(D) = \frac{650}{1\,000} = 0{,}65$; $P(C \cap D) = \frac{100}{1\,000} = 0{,}10$;
$P(C) \cdot P(D) = 0{,}40 \cdot 0{,}65 = 0{,}26 \neq P(C \cap D) = 0{,}10$:
Die Ereignisse C und D sind voneinander stochastisch abhängig.

b) $P_C(D)$ / $P_{\overline{C}}(D)$ } ist die (bedingte) Wahrscheinlichkeit, dass der zufällig ausgewählte Abiturient, der { keinen / einen } Vorbereitungskurs besucht hatte, den Test bestanden hat.

$P_C(D) = \frac{P(C \cap D)}{P(C)} = \frac{0{,}10}{0{,}40} = \frac{1}{4} = 25\%$;
$P_{\overline{C}}(D) = \frac{P(\overline{C} \cap D)}{P(\overline{C})} = \frac{550 : 1\,000}{600 : 1\,000} = \frac{11}{12} \approx 92\%$

23. a) $3 \cdot 5 \cdot 4 = 60$ verschiedene Menüs

b) $5^5 = 3\,125$ verschiedene Zahlen

c) $4 \cdot 5^4 = 2\,500$ verschiedene Zahlen

d)

A	2	0	0	1	1	0
B	0	2	0	1	0	1
C	0	0	2	0	1	1

6 verschiedene Arten

e) 7! = 5 040 verschiedene Reihenfolgen

f) 6! = 720 verschiedene Sitzordnungen

g) (6 – 1)! = 5! = 120 verschiedene Sitzordnungen

h)

x x V B x x
x x B V x x

4! · 2 = 48 verschiedene Sitzordnungen

i)

Gregor	3	0	2	1
Lucas	0	3	1	2

4 verschiedene Arten

Fit für Klausuren
Lösungen zu Seite 19/20

j)

Laura	4	0	0	3	3	2	2	2	1	1	1	1	0	0	0
Lucas	0	4	0	1	0	2	0	1	3	0	2	1	3	1	2
Sophie	0	0	4	0	1	0	2	1	0	3	1	2	1	3	2

15 verschiedene Arten

k) $\frac{4!}{2!} = 12$ verschiedene Reihenfolgen

l) Die Gläser klingen $(\frac{8 \cdot 7}{2} =)$ 28-mal.

m) $\frac{5 \cdot 4}{2} = 10$ verschiedene Kombinationen

n) $\frac{12 \cdot 11}{2} = 66$ verschiedene Kombinationen

o) 1 · 2 000; 50 · 40
2 · 1 000; 80 · 25
4 · 500; 100 · 20
5 · 400; 125 · 16
8 · 250; 200 · 10
10 · 200; 250 · 8
16 · 125; 400 · 5
20 · 100; 500 · 4
25 · 80; 1 000 · 2
40 · 50; 2 000 · 1: Es gibt 20 verschiedene Produkte.

p) 144 · 1
72 · 2
48 · 3
36 · 4
24 · 6
18 · 8
16 · 9: Es gibt 7 verschiedene Produkte.

q) $2^3 = 8$ verschiedene Ergebnisse: 111; 116; 161; 166; 611; 616; 661; 666

r) 4! = 24 verschiedene Anordnungen

Lösungssatz: Wenn du eine weise Antwort verlangst, musst du vernünftig fragen. (Goethe)

24.a) $P(1) = \frac{1}{4}$; $P(\overline{1}) = 1 - P(1) = \frac{3}{4}$;
$1 - \left(\frac{3}{4}\right)^n \geq 0{,}90$; $\left(\frac{3}{4}\right)^n \leq 0{,}10$; $n \log 0{,}75 \leq \log 0{,}10$; $n \geq \frac{\log 0{,}10}{\log 0{,}75}$; $n \geq 8{,}0039\ldots$; $n \in \mathbb{N}$:
Man muss dazu das Tetraeder mindestens neunmal werfen.

b) $3! \cdot \left(\frac{1}{4}\right)^3 = \frac{6}{64} \approx 9{,}4\%$

c) $P(1) = \frac{1}{3}$; $P(\overline{1}) = \frac{2}{3}$;
$P(\overline{1}; \overline{1}; \overline{1}; 1) = \left(\frac{2}{3}\right)^3 \cdot \frac{1}{3} = \frac{8}{81} \approx 9{,}9\%$

d) $P(2) = \frac{1}{3} = P(6)$; $5 \cdot \frac{1}{3} \cdot \left(\frac{1}{3}\right)^4 = \frac{5}{243} \approx 2{,}1\%$

e) Mögliche Zahlen:
1; 2; 3; 4; 5; 6
$\frac{6}{10} \cdot \frac{5}{9} = \frac{30}{90} = \frac{1}{3} \approx 33{,}3\%$

Fit für Klausuren
Lösungen zu Seite 20/21

f) $P(10) = \frac{1}{10}$; $P(\overline{10}) = \frac{9}{10}$;
$P(\overline{10}; \overline{10}) = \frac{9}{10} \cdot \frac{8}{9} = \frac{4}{5} = 0{,}80$;
$1 - 0{,}80^n > 0{,}95$; $0{,}80^n < 0{,}05$; $n \ln 0{,}80 < \ln 0{,}05$; $n > \frac{\ln 0{,}05}{\ln 0{,}80} = 13{,}425\ldots$; $n \in \mathbb{N}$:
Man muss dazu dieses Zufallsexperiment mindestens vierzehnmal durchführen.

g) $P(r) = \frac{3}{8}$; $P(w) = \frac{5}{8}$; $1 - \left(\frac{5}{8}\right)^n > 0{,}995$;
$\left(\frac{5}{8}\right)^n < 0{,}005$; $n \log\left(\frac{5}{8}\right) < \log 0{,}005$; $n > \frac{\log 0{,}005}{\log 0{,}625} = 11{,}27\ldots$; $n \in \mathbb{N}$:
Man muss dazu mindestens zwölfmal je eine Kugel (mit Zurücklegen) ziehen.

h) $P(rrw; rwr; wrr) = \left(\frac{3}{8} \cdot \frac{2}{7} \cdot \frac{5}{6}\right) \cdot 3 = \frac{15}{56} \approx 26{,}8\%$

i) Baumdiagramm:

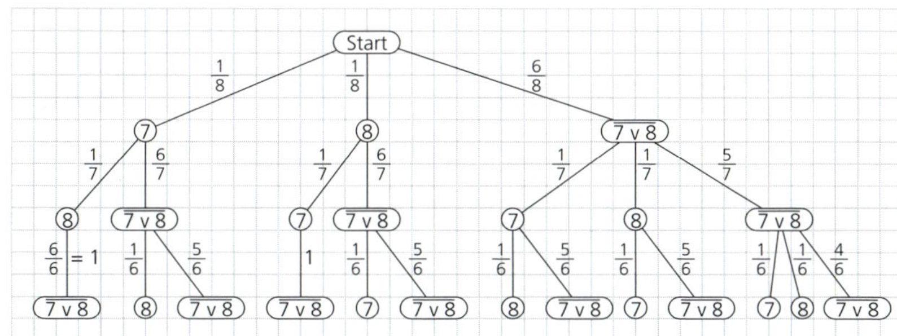

Wahrscheinlichkeit:
$\frac{1}{8} \cdot \frac{1}{7} \cdot 1 + \frac{1}{8} \cdot \frac{6}{7} \cdot \frac{1}{6} + \frac{1}{8} \cdot \frac{1}{7} \cdot 1 + \frac{1}{8} \cdot \frac{6}{7} \cdot \frac{1}{6} + \frac{6}{8} \cdot \frac{1}{7} \cdot \frac{1}{6} + \frac{6}{8} \cdot \frac{1}{7} \cdot \frac{1}{6} =$
$= \frac{1}{56} + \frac{1}{56} + \frac{1}{56} + \frac{1}{56} + \frac{1}{56} + \frac{1}{56} = \frac{6}{56} \approx 10{,}7\%$

j) Anteil: p
$1 - (1 - p)^{100} \geq 0{,}99$;
$(1 - p)^{100} \leq 0{,}01$;
$1 - p \leq \sqrt[100]{0{,}01} = 0{,}954992\ldots$;
$p \geq 4{,}5007\ldots\%$;
$p \geq 4{,}6\%$

k) Es gibt $\frac{10!}{2! \cdot 3! \cdot 5!} = 2\,520$ verschiedene Möglichkeiten, falls die Nummern nicht beachtet werden (sonst 10! = 3 628 800 Möglichkeiten).

l) Es gibt 3! = 6 verschiedene Möglichkeiten, falls die Nummern nicht beachtet werden (sonst 3! · 2! · 3! · 5! = 8 640 Möglichkeiten).

Lösungssatz: Zum Überholen muss man manchmal die Spur wechseln.

25.a) (Ansatz II.) $6 \cdot \left(\frac{1}{6}\right)^5 = 1 \cdot \left(\frac{1}{6}\right)^4 = \frac{1}{6^4} = 0{,}0771\ldots\% \approx 0{,}1\%$

b) (Ansatz III.) $6 \cdot \frac{5!}{3! \cdot 2!} \cdot \left(\frac{1}{6}\right)^3 \cdot \frac{5}{6} \cdot \frac{1}{6} + \frac{1}{6^4} = \frac{50}{6^4} + \frac{1}{6^4} = \frac{51}{6^4} = 3{,}9351\ldots\% \approx 3{,}9\%$

c) (Ansatz I.) $2 \cdot (5!) \cdot \left(\frac{1}{6}\right)^5 = 3{,}0864\ldots\% \approx 3{,}1\%$

Zufallsgrößen und ihr Erwartungswert; Standardabweichung; faires Spiel / Lösungen zu Seite 22/23

1. a) $P(X = 100) = 1 - (0{,}125 + 0{,}375 + 0{,}450) = 1 - 0{,}950 = 0{,}050$:

x	−10	0	10	100
P(X = x)	0,125	0,375	0,450	0,050

$E(X) = -10 \cdot 0{,}125 + 0 \cdot 0{,}375 + 10 \cdot 0{,}450 + 100 \cdot 0{,}050 = 8{,}25$;

$Var(X) = (-10 - 8{,}25)^2 \cdot 0{,}125 + (0 - 8{,}25)^2 \cdot 0{,}375 + (10 - 8{,}25)^2 \cdot 0{,}450 + (100 - 8{,}25)^2 \cdot 0{,}05 =$
$= 489{,}4375$;

$\sigma = \sqrt{Var(X)} \approx 22{,}1$

b) $0{,}20 + 10a + 5a + a = 1;\ | -0{,}20$

$16a = 0{,}8;\ | : 16$

$a = 0{,}05$:

x	−100	0	10	1 000
P(X = x)	0,20	10a = 0,50	5a = 0,25	a = 0,05

$E(X) = -100 \cdot 0{,}20 + 0 \cdot 0{,}50 + 10 \cdot 0{,}25 + 1\,000 \cdot 0{,}05 = 32{,}5$;

$\sigma^2 = (-100 - 32{,}5)^2 \cdot 0{,}20 + (0 - 32{,}5)^2 \cdot 0{,}50 + (10 - 32{,}5)^2 \cdot 0{,}25 + (1\,000 - 32{,}5)^2 \cdot 0{,}05 =$
$= 50\,968{,}75$;

$\sigma \approx 226$

2. Jakob:

x	−10 €	10 €
P(X = x)	$\frac{19}{37}$	$\frac{18}{37}$

$E(X) = -\frac{190}{37}\,€ + \frac{180}{37}\,€ = -\frac{10}{37}\,€ \approx -27$ ct;

$Var(X) = \left(-10 + \frac{10}{37}\right)^2 \cdot \frac{19}{37}\,€^2 + \left(10 + \frac{10}{37}\right)^2 \cdot \frac{18}{37}\,€^2 =$
$= 99{,}9269\ldots\,€^2$;

$\sigma \approx 9{,}996\,€ \approx 10\,€$

Kathrin:

x	−10 €	350 €
P(X = x)	$\frac{36}{37}$	$\frac{1}{37}$

$E(X) = -\frac{360}{37}\,€ + \frac{350}{37}\,€ = -\frac{10}{37}\,€ \approx -27$ ct;

$\sigma^2 = \left(-10 + \frac{10}{37}\right)^2 \cdot \frac{36}{37}\,€^2 + \left(350 + \frac{10}{37}\right)^2 \cdot \frac{1}{37}\,€^2 =$
$= 3\,408{,}035\ldots\,€^2$;

$\sigma \approx 58{,}378\,€ \approx 58\,€$

Die Erwartungswerte sind gleich (der mittlere Verlust je Spiel ist also „auf lange Sicht" bei beiden Vorgehensweisen gleich groß); die Standardabweichung des „Gewinns" ist bei Kathrins Vorgehen wesentlich größer als bei Jakobs Vorgehen (die Gewinne in den einzelnen Spielen „streuen" also bei Kathrin deutlich stärker als bei Jakob).

3. Baumdiagramm:

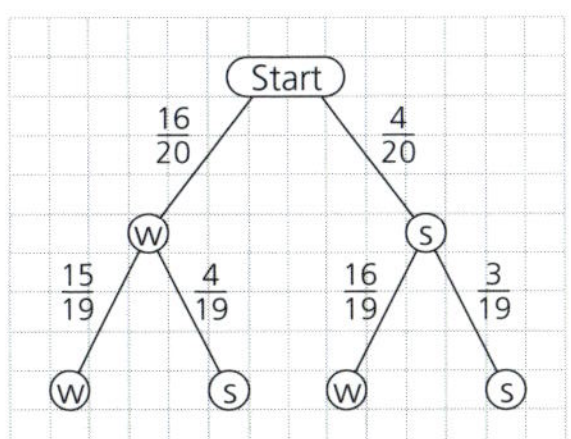

Wahrscheinlichkeitsverteilung:

$P(X = 0) = \frac{16}{20} \cdot \frac{15}{19} = \frac{12}{19}$;

$P(X = 1) = \frac{16}{20} \cdot \frac{4}{19} + \frac{4}{20} \cdot \frac{16}{19} = \frac{32}{95}$;

$P(X = 2) = \frac{4}{20} \cdot \frac{3}{19} = \frac{3}{95}$:

x	0	1	2
P(X = x)	$\frac{12}{19}$	$\frac{32}{95}$	$\frac{3}{95}$

Zufallsgrößen und ihr Erwartungswert; Standardabweichung; faires Spiel / Lösungen zu Seite 23/24

$E(X) = 0 \cdot \frac{12}{19} + 1 \cdot \frac{32}{95} + 2 \cdot \frac{3}{95} = \frac{2}{5} = 0{,}4$;

$Var(X) = (0 - 0{,}4)^2 \cdot \frac{12}{19} + (1 - 0{,}4)^2 \cdot \frac{32}{95} + (2 - 0{,}4)^2 \cdot \frac{3}{95} = 0{,}30315\ldots$;

$\sigma = \sqrt{Var(X)} \approx 0{,}55$

4. $P(X = 6) = \frac{1}{3}$;

$P(X = 1) = P(X = 2) = P(X = 3) = P(X = 4) = P(X = 5) = \left(1 - \frac{1}{3}\right) : 5 = \frac{2}{15}$;

$E(X) = (1 + 2 + 3 + 4 + 5) \cdot \frac{2}{15} + 6 \cdot \frac{1}{3} = 2 + 2 = 4$

5.

x	1	2	3
P(X = x)	$\frac{1}{2}$	$\frac{1}{2} \cdot \frac{1}{2} = \frac{1}{4}$	$\frac{1}{2} \cdot \frac{1}{2} \cdot 1 = \frac{1}{4}$

$E(X) = 1 \cdot \frac{1}{2} + 2 \cdot \frac{1}{4} + 3 \cdot \frac{1}{4} = 1\frac{3}{4} = \frac{7}{4} = 1{,}75$;

$Var(X) = \left(1 - \frac{7}{4}\right)^2 \cdot \frac{1}{2} + \left(2 - \frac{7}{4}\right)^2 \cdot \frac{1}{4} + \left(3 - \frac{7}{4}\right)^2 \cdot \frac{1}{4} = \frac{9}{32} + \frac{1}{64} + \frac{25}{64} = \frac{11}{16}$;

$\sigma = \sqrt{Var(X)} = \frac{1}{4}\sqrt{11} \approx 0{,}83$

6.

x	0	1	2	5	10
P(X = x)	$\frac{4}{12}$	$\frac{3}{12}$	$\frac{2}{12}$	$\frac{2}{12}$	$\frac{1}{12}$

$E(X) = 0 \cdot \frac{4}{12} + 1 \cdot \frac{3}{12} + 2 \cdot \frac{2}{12} + 5 \cdot \frac{2}{12} + 10 \cdot \frac{1}{12} = \frac{27}{12} = 2{,}25$:

Im Mittel werden 2,25 € ausbezahlt.

7. a) $P(X = 0) = 0{,}4$;

$P(X = 1) = \frac{a-1}{a} \cdot 0{,}4 = \left(1 - \frac{1}{a}\right) \cdot 0{,}4$;

$P(X = 2) = \frac{a-2}{a} \cdot 0{,}4 = \left(1 - \frac{2}{a}\right) \cdot 0{,}4$;

$P(X = 3) = \frac{a-3}{a} \cdot 0{,}4 = \left(1 - \frac{3}{a}\right) \cdot 0{,}4$;

$0{,}4 + 0{,}4 \cdot \left(1 - \frac{1}{a}\right) + 0{,}4 \cdot \left(1 - \frac{2}{a}\right) + 0{,}4 \cdot \left(1 - \frac{3}{a}\right) = 1$;

$0{,}4 \cdot \left(1 + 1 - \frac{1}{a} + 1 - \frac{2}{a} + 1 - \frac{3}{a}\right) = 1$;

$0{,}4 \cdot \left(4 - \frac{6}{a}\right) = 1$;

$4 - \frac{6}{a} = 2{,}5$;

$-\frac{6}{a} = -1{,}5$;

$a = \frac{6}{1{,}5} = 4$:

x	0	1	2	3
P(X = x)	0,4	0,3	0,2	0,1

Probe:

$E(X) = 0 \cdot 0{,}4 + 1 \cdot 0{,}3 + 2 \cdot 0{,}2 + 3 \cdot 0{,}1 = 1$

Zufallsgrößen und ihr Erwartungswert; Standardabweichung; faires Spiel / Lösungen zu Seite 24/25

b) $P(X = 3) = P(TTT) = \frac{1}{5} \cdot \frac{3}{4} \cdot p_1 = \frac{3}{20} p_1 = 0{,}1; \quad p_1 = \frac{2}{3};$

$P(X = 0) = P(NNN) = \frac{4}{5} \cdot \frac{3}{4} \cdot (1 - p_4) = 0{,}4;$

$\frac{3}{5} \cdot (1 - p_4) = 0{,}4;$

$1 - p_4 = \frac{2}{3};$

$p_4 = \frac{1}{3};$

$P(X = 1) = \frac{1}{5} \cdot \frac{1}{4} (1 - p_2) + \frac{4}{5} \cdot \frac{1}{4} \cdot (1 - p_3) + \frac{4}{5} \cdot \frac{3}{4} \cdot p_4 = 0{,}3;$

$\frac{1}{20} \cdot (1 - p_2) + \frac{4}{20} (1 - p_3) + \frac{4}{20} = 0{,}3; \mid \cdot 20$

$1 - p_2 + 4 - 4p_3 + 4 = 6; \mid -9$

$-p_2 - 4p_3 = -3; \mid \cdot (-1)$

(1) $p_2 + 4p_3 = 3;$

$P(X = 2) = \frac{1}{5} \cdot \frac{3}{4} \cdot (1 - p_1) + \frac{1}{5} \cdot \frac{1}{4} \cdot p_2 + \frac{4}{5} \cdot \frac{1}{4} \cdot p_3 = 0{,}2;$

$\frac{1}{20} + \frac{1}{20} \cdot p_2 + \frac{1}{5} \cdot p_3 = 0{,}2; \mid \cdot 20$

$1 + p_2 + 4p_3 = 4; \mid -1$

(2) $p_2 + 4p_3 = 3$:

Die Gleichungen (1) und (2) sind miteinander identisch.

Mögliche Werte: z. B. $p_2 = 0{,}6; \quad p_3 = 0{,}6$ *oder* $p_2 = 0{,}2; \quad p_3 = 0{,}7$

8. Baumdiagramm:

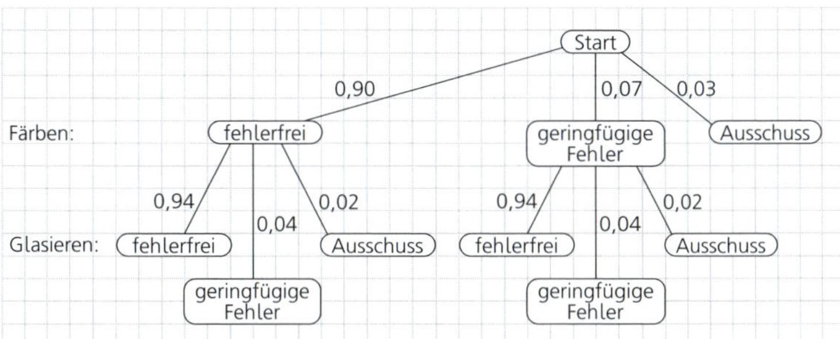

Rechnung:

P(„fehlerfrei") = 0,90 · 0,94 = 0,8460 („1. Wahl");

P(„ein geringfügiger Fehler") = 0,90 · 0,04 + 0,07 · 0,94 = 0,1018 („2.Wahl");

P(„zwei geringfügige Fehler") = 0,07 · 0,04 = 0,0028 („3. Wahl");

P(„Ausschuss") = 0,90 · 0,02 + 0,07 · 0,02 + 0,03 = 0,0494:

Qualität	1. Wahl	2. Wahl	3. Wahl	Ausschuss
„Preis" (in €)	a	$\frac{a}{2}$	$\frac{a}{4}$	–50
Wahrscheinlichkeit	0,8460	0,1018	0,0028	0,0494

Zufallsgrößen und ihr Erwartungswert; Standardabweichung; faires Spiel / Lösungen zu Seite 25

Durchschnittspreis (in €):

$0{,}8460a + 0{,}1018 \cdot \frac{a}{2} + 0{,}0028 \cdot \frac{a}{4} - 0{,}0494 \cdot 50 = 240;$

$0{,}8460a + 0{,}0509a + 0{,}0007a - 2{,}47 = 240;$

$0{,}8976a = 242{,}47;$

$a = 270{,}13\ldots;$

Der reguläre Stückpreis für fehlerfreie Waschbecken (84,6% der Produktion) müsste etwa 270 € betragen.

9. a) Baumdiagramm:

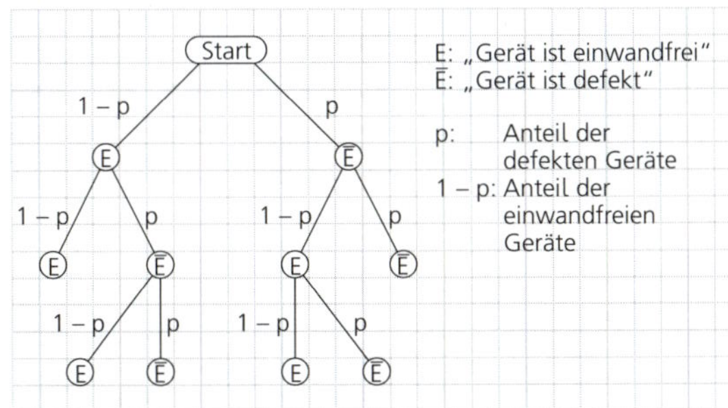

Ergebnisraum:

$\Omega = \{EE;\ E\bar{E}E;\ E\bar{E}\bar{E};\ \bar{E}EE;\ \bar{E}E\bar{E};\ \bar{E}\bar{E}\}$

b) (1) $L = \{EE;\ E\bar{E}E;\ \bar{E}EE\};$

$P(L) = (1 - p) \cdot (1 - p) + (1 - p) \cdot p \cdot (1 - p) + p \cdot (1 - p) \cdot (1 - p) = (1 - p)^2 \cdot (1 + p + p) =$

$= (1 - p)^2 \cdot (1 + 2p) = (2p + 1)(1 - p)^2;$

(2) $\frac{dP(L)}{dp} = 2(1 - p)^2 + (2p + 1) \cdot 2(1 - p) \cdot (-1) = 2(1 - p)(1 - p - 2p - 1) = -6p(1 - p)$:

Wegen $0 < p < 1$ ist stets $-6p(1 - p) < 0$;

$P(L)$ ist also für $0 < p < 1$ streng monoton abnehmend.

c) $P(X = 2) = P(EE) + P(\bar{E}\bar{E}) = (1 - p)^2 + p^2 = 1 - 2p + p^2 + p^2 = 1 - 2p + 2p^2;$

$P(X = 3) = P(E\bar{E}E) + P(E\bar{E}\bar{E}) + P(\bar{E}EE) + P(\bar{E}E\bar{E}) =$

$= (1 - p) \cdot p \cdot (1 - p) + (1 - p) \cdot p \cdot p + p \cdot (1 - p) \cdot (1 - p) + p \cdot (1 - p) \cdot p =$

$= p \cdot (1 - p) \cdot (1 - p + p + 1 - p + p) =$

$= p(1 - p) \cdot 2 =$

$= 2p(1 - p);$

$E(X) = 2 \cdot (1 - 2p + 2p^2) + 3 \cdot 2p(1 - p) = 2 \cdot (1 - 2p + 2p^2 + 3p - 3p^2) = 2 \cdot (1 + p - p^2);$

$\frac{dE(X)}{dp} = 2 \cdot (0 + 1 - 2p) = 2(1 - 2p);$

$\frac{dE(X)}{dp} = 0$: $\quad 1 - 2p = 0; \quad p = \frac{1}{2}$:

An der Stelle $p = \frac{1}{2}$ Vorzeichenwechsel von $\frac{dE(X)}{dp}$ von + nach –; das Extremum ist somit ein Maximum: Für $p = \frac{1}{2}$ müssen im Mittel die meisten Geräte geprüft werden.

10. a) $P(X=0)=\left(\frac{5}{6}\right)^3=\frac{125}{216}$;

$P(X=1)=\frac{1}{6}\cdot\frac{5}{6}\cdot\frac{5}{6}\cdot 3=\frac{25}{72}$;

$P(X=2)=\frac{1}{6}\cdot\frac{1}{6}\cdot\frac{5}{6}\cdot 3=\frac{5}{72}$;

$P(X=3)=\left(\frac{1}{6}\right)^3=\frac{1}{216}$;

x	0	1	2	3
P(X = x)	$\frac{125}{216}$	$\frac{25}{72}$	$\frac{5}{72}$	$\frac{1}{216}$

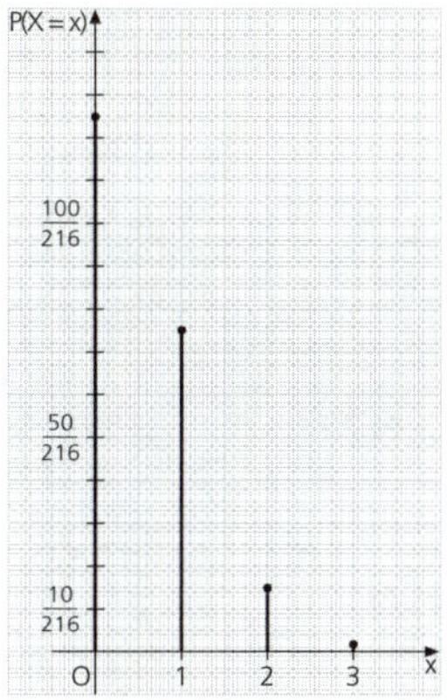

b) $E(X)=0\cdot\frac{125}{216}+1\cdot\frac{25}{72}+2\cdot\frac{5}{72}+3\cdot\frac{1}{216}=\frac{1}{2}$;

$\sigma^2=\left(0-\frac{1}{2}\right)^2\cdot\frac{125}{216}+\left(1-\frac{1}{2}\right)^2\cdot\frac{25}{72}+\left(2-\frac{1}{2}\right)^2\cdot\frac{5}{72}+\left(3-\frac{1}{2}\right)^2\cdot\frac{1}{216}=\frac{5}{12}$;

$\sigma=\sqrt{\frac{5}{12}}=\frac{1}{6}\sqrt{15}=0{,}64549\ldots\approx 0{,}65$

c) Gewinn Y der Bank (in €):

X	0	1	2	3
y	5	5 − 6 = −1	5 − 12 = −7	5 − 18 = −13
P(Y = y)	$\frac{125}{216}$	$\frac{25}{72}$	$\frac{5}{72}$	$\frac{1}{216}$

$E(Y)=5\cdot\frac{125}{216}+(-1)\cdot\frac{25}{72}+(-7)\cdot\frac{5}{72}+(-13)\cdot\frac{1}{216}=2$

oder

$E(Y)=5-E(X)\cdot 6=5-\frac{1}{2}\cdot 6=5-3=2$;

Auf lange Sicht kann die Bank mit einem mittleren Gewinn von 2 € pro Spiel rechnen.

11. Baumdiagramm

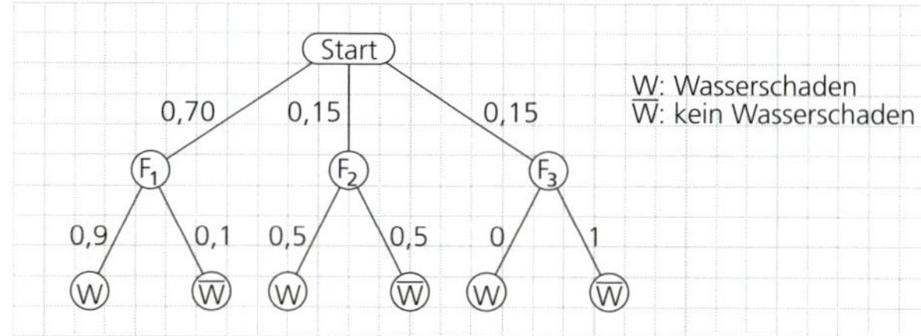

a) $P_W(F_1)=\frac{P(W\cap F_1)}{P(W)}=\frac{0{,}70\cdot 0{,}9}{0{,}70\cdot 0{,}9+0{,}15\cdot 0{,}5}=0{,}89361\ldots\approx 89\%$

b) $P_{F_1}(W)=\frac{P(F_1\cap W)}{P(F_1)}=\frac{0{,}70\cdot 0{,}9}{0{,}70}=0{,}9=90\%$

oder (direkt aus dem Baumdiagramm abgelesen:) $P_{F_1}(W)=0{,}9=90\%$

c) $P_W(F_2)=\frac{P(W\cap F_2)}{P(W)}=\frac{0{,}15\cdot 0{,}5}{0{,}70\cdot 0{,}9+0{,}15\cdot 0{,}5}=0{,}10638\ldots\approx 11\%$;

oder

$P_W(F_2)=1-P_W(F_1)\approx 1-89\%=11\%$

Reparaturkosten X für eine Spülmaschine *Facile* mit „Wasserschaden“:

Fehler	F_1	F_2
x	100 €	80 €
P(X = x)	0,89	0,11

Erwartungswert der Reparaturkosten X für eine Maschine mit „Wasserschaden“:

$E(X)\approx 100\,€\cdot 0{,}89+80\,€\cdot 0{,}11\approx 98\,€$

12. Lospreis: a €

Für den Loskäufer gilt:

„Gewinn“ (in €)	100 − a	10 − a	1 − a	−a
Wahrscheinlichkeit	1%	5%	25%	69%

a) $0{,}01\cdot(100-a)+0{,}05\cdot(10-a)+0{,}25\cdot(1-a)+0{,}69\cdot(-a)=0$;

$1-0{,}01a+0{,}5-0{,}05a+0{,}25-0{,}25a-0{,}69a=0$;

$1{,}75-a=0$; $a=1{,}75$;

Ein Los muss 1,75 € kosten.

b) $0{,}01\cdot(100-a)+0{,}05\cdot(10-a)+0{,}25\cdot(1-a)+0{,}69\cdot(-a)=-1$;

$1-0{,}01a+0{,}5-0{,}05a+0{,}25-0{,}25a-0{,}69a=-1$; $1{,}75-a=-1$;

$a=1{,}75+1=2{,}75$

oder [vgl. Teilaufgabe a)]: $1{,}75+1=2{,}75$;

Ein Los muss 2,75 € kosten.

Zufallsgrößen und ihr Erwartungswert; Standardabweichung; faires Spiel / Lösungen zu Seite 27

13. Fairer Einsatz: jeweils a €

a) $P(0) = P(1) = P(2) = P(5) = 0{,}25$;
$0{,}25 \cdot (0 - a) + 0{,}25 \cdot (1 - a) + 0{,}25 \cdot (2 - a) + 0{,}25 \cdot (5 - a) = 0; \mid \cdot 4$
$0 - a + 1 - a + 2 - a + 5 - a = 0$;
$8 - 4a = 0$;
$a = 2$:
Der faire Einsatz beträgt 2 €.

b) $P(0) = \frac{3}{8}$; $P(1) = \frac{2}{8}$; $P(4) = \frac{2}{8}$; $P(8) = \frac{1}{8}$;
$\frac{3}{8}(0 - a) + \frac{2}{8}(1 - a) + \frac{2}{8}(4 - a) + \frac{1}{8}(8 - a) = 0; \mid \cdot 8$
$-3a + 2 - 2a + 8 - 2a + 8 - a = 0$;
$18 - 8a = 0$;
$a = \frac{18}{8} = 2{,}25$:
Der faire Einsatz beträgt 2,25 €.

c) $P(0) = \frac{4}{10} = 0{,}4$; $P(1) = \frac{2}{10} = 0{,}2$;
$P(4) = \frac{3}{10} = 0{,}3$; $P(10) = \frac{1}{10} = 0{,}1$;
$0{,}4(0 - a) + 0{,}2(1 - a) + 0{,}3(4 - a) + 0{,}1(10 - a) = 0; \mid \cdot 10$
$-4a + 2 - 2a + 12 - 3a + 10 - a = 0$;
$24 - 10a = 0$;
$a = 2{,}4$:
Der faire Einsatz beträgt 2,40 €.

14. a)

1. Wurf	1	1	1	1	2	2	2	2	3	3	3	3	4	4	4	4
2. Wurf	1	2	3	4	1	2	3	4	1	2	3	4	1	2	3	4
Summenwert	2	3	4	5	3	4	5	6	4	5	6	7	5	6	7	8
E_1	x		x		x		x									
E_2		x		x	x		x			x		x	x		x	
$E_1 \cap E_2$					x		x									

$P(E_1) = \frac{4}{16} = \frac{1}{4}$; $P(E_2) = \frac{8}{16} = \frac{1}{2}$;
$P(E_1 \cap E_2) = \frac{2}{16} = \frac{1}{8}$;
$P(E_1) \cdot P(E_2) = \frac{1}{4} \cdot \frac{1}{2} = \frac{1}{8} = P(E_1 \cap E_2)$:
Die beiden Ereignisse E_1 und E_2 sind voneinander stochastisch unabhängig.

b) Schätzung: individuelle Ergebnisse
Zufallsgröße X: Summenwert der beiden geworfenen Zahlen

x	2	3	4	5	6	7	8
P(X = x)	$\frac{1}{16}$	$\frac{2}{16}$	$\frac{3}{16}$	$\frac{4}{16}$	$\frac{3}{16}$	$\frac{2}{16}$	$\frac{1}{16}$
Auszahlung (in €)	2	1	0	0	0	1	2

$\frac{1}{16}(2 - a) + \frac{2}{16}(1 - a) + \left(\frac{3}{16} + \frac{4}{16} + \frac{3}{16}\right)(0 - a) + \frac{2}{16}(1 - a) + \frac{1}{16}(2 - a) = 0; \mid \cdot 16$
$2 - a + 2 - 2a + 10 \cdot (-a) + 2 - 2a + 2 - a = 0$;
$8 - 16a = 0$; $a = 0{,}5$:
Der Einsatz muss 0,50 € betragen.

Zufallsgrößen und ihr Erwartungswert; Standardabweichung; faires Spiel / Lösungen zu Seite 28

15. (1) a) $n_1 = 4^4 = 256$

b) $n_2 = 4 \cdot 3 \cdot 4 = 48$

Hinweis:

1112	1121	1211	2111 …
1113	1131	1311	3111 …
1114	1141	1411	4111 …:

Es gibt 4 Tripel aus lauter gleichen Ziffern (111; 222; 333 und 444) und jeweils 3 andere Ziffern, die an vier verschiedenen Stellen stehen können.

c) $p_{„gezinkt"} = \frac{1}{4} \cdot \frac{1}{3} \cdot \frac{1}{4} \cdot \frac{1}{6} \cdot 4! = \frac{1}{12} \approx 8{,}3\%$;
$p_{„Laplace"} = \left(\frac{1}{4}\right)^4 \cdot 4! = \frac{3}{32} \approx 9{,}4\%$:
$p_{„gezinkt"} < p_{„Laplace"}$
Hinweis: Es gibt 4! verschiedene Reihenfolgen der vier Ziffern 1, 2, 3 und 4.

(2) a) $E(X) = 1 \cdot P(X = 1) + 2 \cdot P(X = 2) + 3 \cdot P(X = 3) + 4 \cdot P(X = 4) = 1 \cdot \frac{1}{4} + 2 \cdot \frac{1}{3} + 3 \cdot \frac{1}{4} + 4 \cdot \frac{1}{6} = \frac{7}{3}$

b) Spielregel: Einsatz 5 €; ausgezahlt wird das Doppelte der geworfenen Zahl in €.

geworfene Zahl	1	2	3	4
Reingewinn G (in €)	−3	−1	1	3
Wahrscheinlichkeit	$\frac{1}{4}$	$\frac{1}{3}$	$\frac{1}{4}$	$\frac{1}{6}$

$E(G) = (-3) \cdot \frac{1}{4} + (-1) \cdot \frac{1}{3} + 1 \cdot \frac{1}{4} + 3 \cdot \frac{1}{6} = -\frac{1}{3}$
oder
$E(G) = 2 \cdot \frac{7}{3} - 5 = -\frac{1}{3}$:
Es ist auf lange Sicht mit einem mittleren Verlust von $\frac{1}{3}$ € (≈ 33 ct) pro Spiel zu rechnen; das Spiel ist also nicht fair.

Bernoulli-Experimente und Bernoulli-Ketten; Urnenmodelle; Binomialkoeffizienten / Lösungen zu Seite 29/30

1. a) $p_a = 0{,}8^5 = 0{,}32768 \approx 32{,}8\%$

b) $p_b = 0{,}2^5 = 0{,}00032 \approx 0{,}0\%$

c) $p_c = 0{,}8 \cdot 0{,}2^3 \cdot 0{,}8 = 0{,}00512 \approx 0{,}5\%$

d) $p_d = 0{,}8^4 \cdot 0{,}2 \cdot 5 = 0{,}4096 \approx 41{,}0\%$

$1 - 0{,}2^n > 0{,}99;$

$-0{,}2^n > -0{,}01;$ $\quad |\cdot(-1)$ [„größer wird zu kleiner"]

$0{,}2^n < 0{,}01;$ $\quad |\ln(\ldots)$

$n \ln 0{,}2 < \ln 0{,}01;\ |:\ln 0{,}2$ [$\ln 0{,}2 < 0$: „kleiner wird zu größer"]

$n > \frac{\ln 0{,}01}{\ln 0{,}2};$

$n > 2{,}86135\ldots;\ n \in \mathbb{N}$:

Es müssen mindestens drei (gleich gute) Spieler mit $p = 0{,}8$ sein.

2. a) $p_a = (1 - 0{,}25)^{10} = 0{,}75^{10} = 0{,}05631\ldots \approx 5{,}6\%$

b) $p_b = \binom{10}{1} \cdot 0{,}25 \cdot 0{,}75^9 = 0{,}18771\ldots \approx 18{,}8\%$

c) $p_c = 1 - p_a = 0{,}94368\ldots \approx 94{,}4\%$

d) $p_d = p_a + p_b = 0{,}2440\ldots \approx 24{,}4\%$

3. a) $p_a = (1 - 0{,}02)^{12} = 0{,}78471\ldots \approx 78{,}5\%$

b) $p_b = 12 \cdot 0{,}02 \cdot 0{,}98^{11} = 0{,}19217\ldots \approx 19{,}2\%$

c) $p_c = 1 - p_a = 0{,}21528\ldots \approx 21{,}5\%$

$1 - 0{,}98^n \geq 0{,}95;$

$-0{,}98^n \geq -0{,}05;$ [Multiplikation mit -1: „größer wird zu kleiner"]

$0{,}98^n \leq -0{,}05;$

$n \cdot \ln 0{,}98 \leq \ln 0{,}05;\ |:\ln 0{,}98$ [Division durch $\ln 0{,}98 < 0$: „kleiner wird zu größer"]

$n \geq \frac{\ln 0{,}05}{\ln 0{,}98};$

$n \geq 148{,}28\ldots;\quad 148{,}28\ldots : 12 = 12{,}35\ldots;\ n \in \mathbb{N}$:

Es müssen mindestens 13 Kartons kontrolliert werden.

4. S: Stau
$\bar{S}$: kein Stau

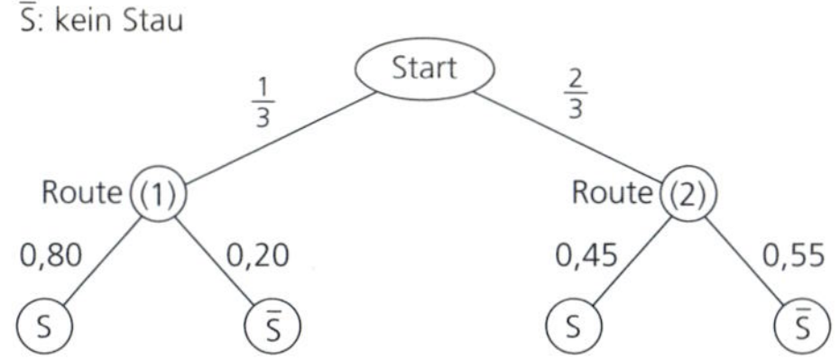

a) P(S) bedeutet die Wahrscheinlichkeit, in einen Stau zu geraten:

$P(S) = \frac{1}{3} \cdot 0{,}80 + \frac{2}{3} \cdot 0{,}45 = \frac{17}{30} \approx 57\%$

P_S(Route (1)): Dorothea ist in einen Stau geraten. Mit welcher Wahrscheinlichkeit ist ihr das auf Route (1) passiert?

Bernoulli-Experimente und Bernoulli-Ketten; Urnenmodelle; Binomialkoeffizienten / Lösungen zu Seite 30/31

$P_S(\text{Route }(1)) = \frac{P(S \cap \text{Route }(1))}{P(S)} = \frac{\frac{1}{3} \cdot 0{,}80}{\frac{17}{30}} = \frac{8}{17} \approx 47\%$

$P_{\bar{S}}$ (Route (2)): Dorothea kommt ohne Stau zum Tennisplatz. Mit welcher Wahrscheinlichkeit hatte sie Route (2) gewählt?

$P_{\bar{S}}(\text{Route }(2)) = \frac{P(\bar{S} \cap \text{Route }(2))}{P(\bar{S})} = \frac{\frac{2}{3} \cdot 0{,}55}{1 - P(S)} = \frac{\frac{11}{30}}{\frac{13}{30}} = \frac{11}{13} \approx 85\%$

b) $P_{Route(1)}(S) = 0{,}80;\ p_b = 0{,}80^4 = 0{,}4096 \approx 41\%$

c) $P_{Route(2)}(S) = 0{,}45;\ P_{Route(2)}(\bar{S}) = 0{,}55;\ p_c = \binom{4}{3} \cdot 0{,}45^3 \cdot 0{,}55 = 0{,}2004\ldots \approx 20\%$

Es handelt sich um zwei Bernoulli-Experimente, da jedes der beiden Zufallsexperimente zwei Ergebnisse hat: Route (1) – Route (2); Stau – kein Stau.

5.

	Bernoulli-Kette?	n	p
a)	ja	10	0,60
b)	ja	120	0,20
c)	ja	6	$\frac{5}{20} = 0{,}25$
d)	ja	12	0,75
e)	nein	–	–
f)	ja	50	0,50

6. a) $\binom{5}{2} = 10$ b) $\binom{7}{3} = 35$ c) $\binom{8}{1} = 8$

d) $\binom{13}{9} = 715$ e) $\binom{20}{8} = 125\,970$ f) $\binom{50}{45} = 2\,118\,760$

g) $\binom{100}{96} = 3\,921\,225$ h) $\binom{25}{17} = 1\,081\,575$ i) $\binom{86}{84} = 3\,655$

7. a) $\binom{16}{2} = 120$ b) $\binom{24}{4} = 10\,626$ c) $\binom{49}{6} = 13\,983\,816$

d) $p_d = \frac{1}{\binom{26}{5}} = \frac{1}{65\,780} \approx 0{,}0015\%$ *oder* $p_d = \frac{5}{26} \cdot \frac{4}{25} \cdot \frac{3}{24} \cdot \frac{2}{23} \cdot \frac{1}{22} = \frac{1}{65\,780} \approx 0{,}0015\%$

e) (1) $p_1 = \frac{2}{11} \approx 18\%$ (2) $p_2 = \frac{1}{10} = 10\%$

(3) $p_3 = \frac{2}{10} = 20\%$ (4) $p_4 = \frac{9}{11} \cdot \frac{8}{10} \cdot \frac{7}{9} \cdot \frac{6}{8} = \frac{21}{55} \approx 38\%$

(5) Dafür, dass Kathrin bei ihren insgesamt 5 Zügen die beiden Gewinnlose zieht, gibt es $\binom{5}{2}$ verschiedene Möglichkeiten; für das Ziehen der beiden Gewinnlose bei insgesamt 11 Zügen gibt es $\binom{11}{2}$ verschiedene Möglichkeiten:

$p_5 = \frac{\binom{5}{2}}{\binom{11}{2}} = \frac{9! \cdot 2!}{11!} \cdot \frac{5!}{2! \cdot 3!} = \frac{2}{11 \cdot 10} \cdot \frac{5 \cdot 4}{2} = \frac{2}{11} \approx 18\%$

Bernoulli-Experimente und Bernoulli-Ketten; Urnenmodelle; Binomialkoeffizienten / Lösungen zu Seite 32/33

8. a) Vier der sechs Personen sind nicht stark übergewichtig; die Erfolgsquote beträgt 75%:

$\binom{4}{3} \cdot 0{,}75^3 \cdot 0{,}25 = \binom{4}{1} \cdot 0{,}75^3 \cdot 0{,}25 = 4 \cdot 0{,}75^3 \cdot 0{,}25 \approx 42\%$

Somit beschreiben die Terme (2) und (3) und (5) die angegebene Wahrscheinlichkeit richtig.

b)

Anzahl der erfolgreichen…		
… nicht stark Übergewichtigen	… stark Übergewichtigen	… Übergewichtigen insgesamt
4	2	6
4	1	5
3	2	5

Wahrscheinlichkeit:

$0{,}75^4 \cdot 0{,}6^2 + 0{,}75^4 \cdot \binom{2}{1} \cdot 0{,}6 \cdot 0{,}4 + \binom{4}{3} \cdot 0{,}75^3 \cdot 0{,}25 \cdot 0{,}6^2 = \frac{729}{6\,400} + \frac{243}{1\,600} + \frac{243}{1\,600} = \frac{2\,673}{6\,400} \approx 42\%$

9.

a)	b)	c)	d)	e)	f)	g)	h)	i)	j)
J.	B	E	R	N	O	U	L	L	I

10. $\binom{n}{k} + \binom{n}{k+1} = \frac{n!}{k! \cdot (n-k)!} + \frac{n!}{(k+1)! \cdot (n-k-1)!} = \frac{n! \cdot (k+1) + n! \cdot (n-k)}{(k+1)! \cdot (n-k)!} = \frac{n! \cdot (k+1+n-k)}{(k+1)! \cdot (n-k)!} =$

$= \frac{n! \cdot (n+1)}{(k+1)! \cdot (n-k)!} = \frac{(n+1)!}{(k+1)! \cdot (n-k)!} = \binom{n+1}{k+1}$

Hinweise:

(1) $k! \cdot (k+1) = (k+1)!$; $(n-k-1)! \cdot (n-k) = (n-k)!$; $n! \cdot (n+1) = (n+1)!$

(2) Mit der eben bewiesenen Identität kann man das Pascal-Dreieck der Binomialkoeffizienten zeilenweise rekursiv aufbauen.

11. a) Baumdiagramm:

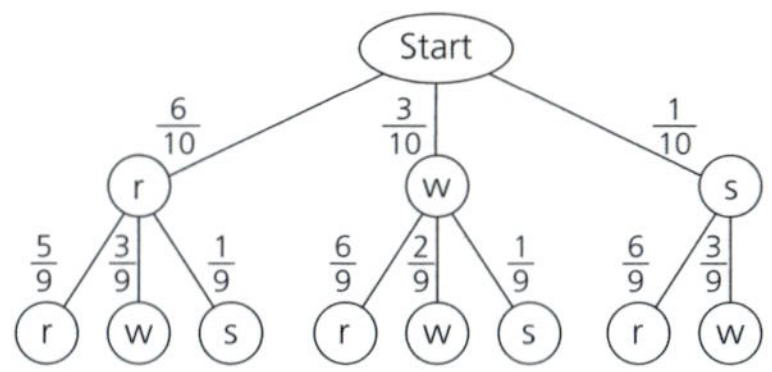

Wahrscheinlichkeiten:

$P(E_1) = P(rw; rs; wr; ws; sr; sw) = \frac{6}{10} \cdot \frac{3}{9} + \frac{6}{10} \cdot \frac{1}{9} + \frac{3}{10} \cdot \frac{6}{9} + \frac{3}{10} \cdot \frac{1}{9} + \frac{1}{10} = \frac{3}{5} = 60\%$;

$P(E_2) = \frac{6}{10} \cdot \frac{5}{9} + \frac{3}{10} \cdot \frac{6}{9} + \frac{1}{10} \cdot \frac{6}{9} = \frac{3}{5} = 60\%$

Bernoulli-Experimente und Bernoulli-Ketten; Urnenmodelle; Binomialkoeffizienten / Lösungen zu Seite 33/34

b) $N = 10$; $S = 3$; $n = 3$; $k \in \{0; 1; 2; 3\}$:

$P(X = 0) = \frac{\binom{3}{0} \cdot \binom{7}{3}}{\binom{10}{3}} = \frac{35}{120}$;

$P(X = 1) = \frac{\binom{3}{1} \cdot \binom{7}{2}}{\binom{10}{3}} = \frac{63}{120}$;

$P(X = 2) = \frac{\binom{3}{2} \cdot \binom{7}{1}}{\binom{10}{3}} = \frac{21}{120}$;

$P(X = 3) = \frac{\binom{3}{3} \cdot \binom{7}{0}}{\binom{10}{3}} = \frac{1}{120}$;

k	0	1	2	3
P(X = k)	$\frac{35}{120}$	$\frac{63}{120}$	$\frac{21}{120}$	$\frac{1}{120}$
„Gewinn" Y (in €)	−3	−1	1	3

Erwartungswert:

$E(Y) = -3 \cdot \frac{35}{120} - 1 \cdot \frac{63}{120} + 1 \cdot \frac{21}{120} + 3 \cdot \frac{1}{120} = -\frac{144}{120} = -1{,}2$

Das Spiel ist also nicht fair, da auf lange Sicht für den Spieler / die Spielerin ein Verlust von durchschnittlich 1,20 € pro Spiel entsteht.

12. a) Wenn sich von jeder Farbe noch genau eine Kugel in der Urne befindet, wurden eine rote Kugel und zwei blaue Kugeln entnommen. Dafür gibt es folgende Möglichkeiten: rbb, brb und bbr.

$P(rbb; brb; bbr) = \frac{2}{6} \cdot \frac{3}{5} \cdot \frac{2}{4} + \frac{3}{6} \cdot \frac{2}{5} \cdot \frac{2}{4} + \frac{3}{6} \cdot \frac{2}{5} \cdot \frac{2}{4} = 3 \cdot \frac{2}{6} \cdot \frac{3}{5} \cdot \frac{2}{4} = \frac{3}{10} = 30\%$

b) Wenn sich in der Urne nur noch die drei blauen Kugeln befinden, wurden die zwei roten Kugeln und die weiße Kugel entnommen.

Dafür gibt es folgende Möglichkeiten: rrw, rwr und wrr.

$P(rrw; rwr; wrr) = \frac{2}{6} \cdot \frac{1}{5} \cdot \frac{1}{4} + \frac{2}{6} \cdot \frac{1}{5} \cdot \frac{1}{4} + \frac{1}{6} \cdot \frac{2}{5} \cdot \frac{1}{4} = 3 \cdot \frac{2}{6} \cdot \frac{1}{5} \cdot \frac{1}{4} = \frac{1}{20} = 5\%$

13. Baumdiagramm:

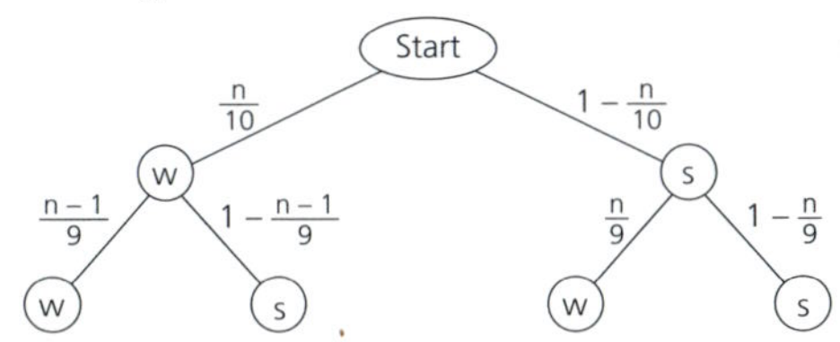

n: Anzahl der weißen Kugeln

Rechnung:

Genau eine schwarze und genau eine weiße Kugel werden gezogen:

$P(ws; sw) = \frac{n}{10} \cdot \left(1 - \frac{n-1}{9}\right) + \left(1 - \frac{n}{10}\right) \cdot \frac{n}{9} = \frac{16}{45}$;

$\frac{n}{10} \cdot \frac{9-n+1}{9} + \frac{10-n}{10} \cdot \frac{n}{9} = \frac{16}{45}$; $| \cdot 90$

Bernoulli-Experimente und Bernoulli-Ketten; Urnenmodelle; Binomialkoeffizienten / Lösungen zu Seite 34

$n \cdot (10 - n) + n \cdot (10 - n) = 32$;
$2n \cdot (10 - n) - 32 = 0$; | : 2
$10n - n^2 - 16 = 0$; | $\cdot (-1)$
$n^2 - 10n + 16 = 0$;
$(n - 2) \cdot (n - 8) = 0$;
$n_1 = 2$; $n_2 = 8$:

In der Urne waren ursprünglich entweder 2 weiße (und 8 schwarze) oder 8 weiße (und 2 schwarze) Kugeln.

14.a) $P(E_1) = \frac{4}{6} = \frac{2}{3}$; $P(E_2) = \frac{3}{6} = \frac{1}{2}$;
$P(E_1 \cap E_2) = P(\{3; 4\}) = \frac{2}{6} = \frac{1}{3}$;
$P(E_1) \cdot P(E_2) = \frac{2}{3} \cdot \frac{1}{2} = \frac{1}{3} = P(E_1 \cap E_2)$:
Die Ereignisse E_1 und E_2 sind voneinander stochastisch unabhängig.

b) Anzahl der verschiedenen Doppelzüge: $(6 \cdot 5) : 2 = 15$

k	1	2	3	4	5
Mögliche Doppelzüge	(①;②); (②;③); (③;④); (④;⑤); (⑤;⑥)	(①;③); (②;④); (③;⑤); (④;⑥)	(①;④); (②;⑤); (③;⑥)	(①;⑤); (②;⑥)	(①;⑥)
P(X = k)	$\frac{5}{15} = \frac{1}{3} \approx 33{,}3\%$	$\frac{4}{15} \approx 26{,}7\%$	$\frac{3}{15} = \frac{1}{5} = 20\%$	$\frac{2}{15} \approx 13{,}3\%$	$\frac{1}{15} \approx 6{,}7\%$

Die Binomialverteilung Lösungen zu Seite 35/36

1.

a)	b)	c)	d)	e)	f)	g)	h)	i)	j)
V	E	R	T	E	I	L	U	N	G

2. a) $B(7; 0{,}1; 0) \approx 0{,}47830 < 0{,}5$;
$B(6; 0{,}1; 0) \approx 0{,}53144 > 0{,}5$: $n \geq 7$

b) $B(6; 0{,}9; 4) \approx 0{,}09842 < 0{,}3$;
$B(5; 0{,}9; 4) \approx 0{,}32805 > 0{,}3$: $n \geq 6$

c) $B(5; 0{,}8; 3) \approx 0{,}20480 < 0{,}4$;
$B(4; 0{,}8; 3) \approx 0{,}40960 > 0{,}4$: $n \geq 5$

d) $F(10; 0{,}6; 4) \approx 0{,}16624 < 0{,}2$;
$F(9; 0{,}6; 4) \approx 0{,}26657 > 0{,}2$: $n \geq 10$

e) $F(5; 0{,}4; 0) \approx 0{,}07776 < 0{,}1$;
$F(4; 0{,}4; 0) \approx 0{,}12960 > 0{,}1$: $n \geq 5$

f) $F(7; 0{,}7; 4) \approx 0{,}35293 < 0{,}4$;
$F(6; 0{,}7; 4) \approx 0{,}57983 > 0{,}4$: $n \geq 7$

3. a) $n = 200$; $p = 0{,}5$:
(1) $P(90 \leq X \leq 110) = F(200; 0{,}5; 110) - F(200; 0{,}5; 89) \approx 0{,}93132 - 0{,}06868 = 0{,}86264 \approx 86\%$
(2) $P(95 \leq X \leq 105) = F(200; 0{,}5; 105) - F(200; 0{,}5; 94) \approx 0{,}78162 - 0{,}21838 = 0{,}56324 \approx 56\%$
(3) $P(X = 100) = B(200; 0{,}5; 100) \approx 0{,}05636 \approx 6\%$

b) $n = 200$; $p = 0{,}70$:
$P(X \leq 155) = F(200; 0{,}70; 155) \approx 0{,}99285$:
Mit einer Wahrscheinlichkeit von etwa 99% reichen die Plätze aus.

c) $n = 20$; $p = 0{,}75$:
$P(X < 14) = F(20; 0{,}75; 13) \approx 0{,}21422$:
Kathrin erhält mit etwa 21% Wahrscheinlichkeit das Gratisessen.

d) $n = 200$; $p = 0{,}04$:
(1) $P(X = 7) = B(200; 0{,}04; 7) \approx 0{,}14172$
(2) $P(X > 7) = 1 - P(X \leq 7) = 1 - F(200; 0{,}04; 7) \approx 1 - 0{,}45010 = 0{,}54990$
(3) $P(X \leq 7) = F(200; 0{,}04; 7) \approx 0{,}45010$:
Mit einer Wahrscheinlichkeit von etwa 14% sind genau 7 dieser 200 Personen farbenblind.
Mit einer Wahrscheinlichkeit von etwa 55% sind mehr als 7 dieser 200 Personen farbenblind.
Mit einer Wahrscheinlichkeit von etwa 45% sind höchstens 7 dieser 200 Personen farbenblind.

Die Binomialverteilung
Lösungen zu Seite 36/37

4. $E(X) = \mu = np$; $\sigma = \sqrt{npq} = \sqrt{np(1-p)}$; $n = 5$:

a)

p = 0,4	x	0	1	2	3	4	5
	P(X = x)	0,07776	0,25920	0,34560	0,23040	0,07680	0,01024

$E(X) = 5 \cdot 0{,}4 = 2{,}0$;
$\sigma = \sqrt{5 \cdot 0{,}4 \cdot 0{,}6} = 1{,}0954\ldots \approx 1{,}1$

b)

p = 0,5	x	0	1	2	3	4	5
	P(X = x)	0,03125	0,15625	0,31250	0,31250	0,15625	0,03125

$E(X) = 5 \cdot 0{,}5 = 2{,}5$;
$\sigma = \sqrt{5 \cdot 0{,}5 \cdot 0{,}5} = 1{,}1180\ldots \approx 1{,}1$

c)

p = 0,6	x	0	1	2	3	4	5
	P(X = x)	0,01024	0,07680	0,23040	0,34560	0,25920	0,07776

$E(X) = 5 \cdot 0{,}6 = 3{,}0$;
$\sigma = \sqrt{5 \cdot 0{,}6 \cdot 0{,}4} = 1{,}0954\ldots \approx 1{,}1$

Zuordnung:

Wahrscheinlichkeitsverteilung	a)	b)	c)
n = 5; p = …	0,4	0,5	0,6
Histogramm	②	①	③

5. a)

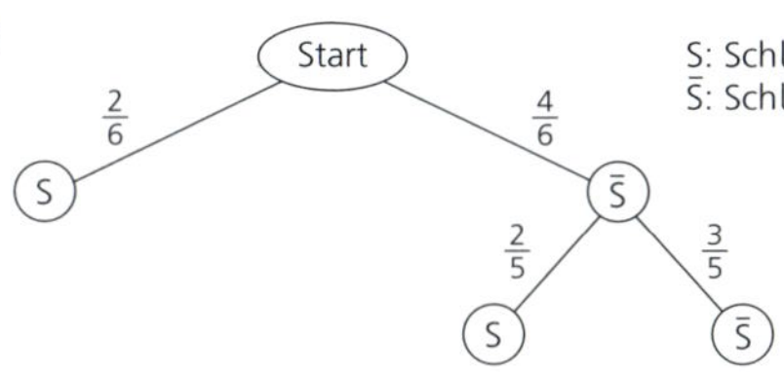

S: Schlüssel sperrt
S̄: Schlüssel sperrt nicht

$p_a = \frac{2}{6} + \frac{4}{6} \cdot \frac{2}{5} = \frac{3}{5} = 60\%$

b) P(„mindestens ein Treffer") > 0,999;
$p_a = 0{,}6$; $1 - p_a = 0{,}4$;
$1 - 0{,}4^n > 0{,}999$;
$-0{,}4^n > -0{,}001$; $\mid \cdot (-1)$
$0{,}4^n < 0{,}001$; $\mid \ln(\ldots)$
$n \ln 0{,}4 < \ln 0{,}001$; $\mid : \ln 0{,}4$ $[\ln 0{,}4 < 0]$
$n > \frac{\ln 0{,}001}{\ln 0{,}4} = 7{,}5388\ldots$; $n \in \mathbb{N}$:
$n \geq 8$:
Es müssen mindestens 8 Truhen zur Verfügung gestellt werden.

c) Es handelt sich um zwei Bernoulli-Ketten mit den Parameterwerten n = 15 und $p = p_a = 0{,}6$:
A: $P(X = 7) = B(15; 0{,}6; 7) \approx 11{,}8\%$
B: $P(X > 10) = 1 - P(X \leq 10) = 1 - F(15; 0{,}6; 10) \approx 1 - 0{,}78272 \approx 21{,}7\%$

Die Binomialverteilung
Lösungen zu Seite 37/38

6. a) $P(A) = \frac{250}{1\,000} \cdot \frac{249}{999} = 0{,}06231\ldots \approx 6{,}23\%$

b) Legt man „Ziehen mit Zurücklegen" zugrunde, dann ergibt sich für P(A) der Näherungswert
$\frac{250}{1\,000} \cdot \frac{250}{1\,000} = \frac{1}{16} = 6{,}25\%$.
Da die Anzahl der ausgewählten Besucher (2) verglichen mit der Gesamtanzahl (1 000) sehr klein ist, ist die Abweichung des Näherungswerts vom exakten Wert sehr gering.

c) $P(B) = \left(\frac{600}{1\,000}\right)^2 + \left(\frac{250}{1\,000}\right)^2 + \left(\frac{150}{1\,000}\right)^2 = 44{,}5\%$;

$P(A) \cdot P(B) = 0{,}0625 \cdot 0{,}445 = \frac{89}{3\,200} \approx 2{,}8\%$;

$P(A \cap B) = P(A) = 6{,}25\% \neq P(A) \cdot P(B)$:
Die Ereignisse A und B sind voneinander stochastisch abhängig.

7. a) $P(X = 15) = B(100; 0{,}15; 15) \approx 0{,}11109 \approx 11{,}1\%$

b) Intervall: $[15 - k; 15 + k]$; $k \in \mathbb{N}$
$k = 4$: $P(11 \leq X \leq 19) = F(100; 0{,}15; 19) - F(100; 0{,}15; 10) \approx 0{,}89346 - 0{,}09945 = 0{,}79401 < 0{,}85$;
$k = 5$: $P(10 \leq X \leq 20) = F(100; 0{,}15; 20) - F(100; 0{,}15; 9) \approx 0{,}93368 - 0{,}05509 = 0{,}87859 > 0{,}85$:
Das gesuchte Intervall ist [10; 20].

c) $p_{\text{fehlerhaft}} = 0{,}15$;
$p_{\text{nicht fehlerhaft}} = 0{,}85$;

$1 - 0{,}85^n > 0{,}99$;
$-0{,}85^n > -0{,}01$;
$0{,}85^n < 0{,}01$;
$n \ln 0{,}85 < \ln 0{,}01$;
$n > \frac{\ln 0{,}01}{\ln 0{,}85} = 28{,}336\ldots$; $n \in \mathbb{N}$:
$n \geq 29$:
Es müssen mindestens 29 Chips entnommen werden.

d)

	F	F̄	
A	0,14	**0,03**	0,17
Ā	0,01	0,82	**0,83**
	0,15	0,85	**1,00**

F: Chip ist fehlerhaft
A: Chip wird ausgesondert

$P(F) = 0{,}15$; $P(\overline{F}) = 1 - P(F) = 1 - 0{,}15 = 0{,}85$;
$P(\overline{A}) = 0{,}83$; $P(A) = 1 - P(\overline{A}) = 1 - 0{,}83 = 0{,}17$;
$P(\overline{F} \cap A) = 0{,}03$;
$P(\overline{F} \cap \overline{A}) = 0{,}85 - 0{,}03 = 0{,}82$;
$P(F \cap \overline{A}) = 0{,}83 - 0{,}82 = 0{,}01$;
$P(F \cap A) = 0{,}17 - 0{,}03 = 0{,}14 = 14\%$ ist die Wahrscheinlichkeit, dass ein Chip fehlerhaft ist und ausgesondert wird.
$P_F(A) = \frac{P(F \cap A)}{P(F)} = \frac{0{,}14}{0{,}15} \approx 93\%$:
Auf lange Sicht werden im Mittel etwa 93% der fehlerhaften Chips ausgesondert.

8. a) Durchschnittliche Haushaltsgröße:
$0{,}10 \cdot 1 + 0{,}40 \cdot 2 + 0{,}25 \cdot 3 + 0{,}15 \cdot 4 + 0{,}10 \cdot 5 = 2{,}75$
Einwohneranzahl: $2{,}75 \cdot 2\,000\,000 = 5\,500\,000$

b) (1) Der Term stellt die Wahrscheinlichkeit dar, dass von den fünf zufällig ausgewählten Haushalten genau zwei Drei-Personen-Haushalte sind.

(2) P(„mindestens ein Zwei-Personen-Haushalt") $= 1 - \binom{5}{0} \cdot 0{,}4^0 \cdot 0{,}6^5 \approx 1 - 0{,}07776 \approx 92{,}2\%$

c) (1) $n = 100$; $p = 0{,}4$:
$P(X > 40) = 1 - P(X \leq 40) = 1 - F(100;\ 0{,}4;\ 40) \approx 1 - 0{,}54329 = 0{,}45671 \approx 45{,}7\%$;
$P(34 < X \leq 55) = P(X \leq 55) - P(X \leq 34) = F(100;\ 0{,}4;\ 55) - F(100;\ 0{,}4;\ 34) \approx$
$\approx 0{,}99912 - 0{,}13034 = 0{,}86878 \approx 86{,}9\%$

(2) $n = 100$; $p^* = 0{,}75$:
$P(X > 80) = 1 - P(X \leq 80) = 1 - F(100;\ 0{,}75;\ 80) \approx 1 - 0{,}90047 = 0{,}09953 \approx 10{,}0\%$:
Mit einer Wahrscheinlichkeit von etwa 10% wird in mehr als 80 der 100 Haushalte eine Person zur Befragung angetroffen.

9. a)
- $P(A) = 0{,}35 \cdot 0{,}40 = \frac{7}{50} = 0{,}14 = 14\%$
- $n = 20$; $p = 0{,}40$:
  $P(B) = P(X \geq 8) = 1 - P(X \leq 7) = 1 - F(20;\ 0{,}40;\ 7) \approx 1 - 0{,}41589 \approx 58{,}4\%$
- Interesse für ein Trekkingbike:
  $1 - 0{,}40 - 0{,}35 - 0{,}02 = 0{,}23 = 23\%$
  Kein Interesse für ein Trekkingbike:
  $1 - 0{,}23 = 0{,}77 = 77\%$;
  $P(C) = 0{,}77^6 \cdot 0{,}23 = 0{,}047937\ldots \approx 4{,}8\%$

b) Kaufinteresse für ein Rennrad: 0,02
Kein Kaufinteresse für ein Rennrad: 0,98
$1 - 0{,}98^n > 0{,}90$;
$-0{,}98^n > -0{,}10$;
$0{,}98^n < 0{,}10$;
$n \ln 0{,}98 < \ln 0{,}10$;
$n > \frac{\ln 0{,}10}{\ln 0{,}98} = 113{,}97\ldots$; $n \in \mathbb{N}$:
Es müssen sich mindestens 114 Kaufinteressenten informieren.

1. Das Menü 4 wählen 100% – (50% + 25% + 20%) = 5% der Schüler/Schülerinnen:

Menü	1	2	3	4
Wahrscheinlichkeit	0,50	0,25	0,20	0,05

a) $p_{(1)} = 0{,}50^4 + 0{,}25^4 + 0{,}20^4 + 0{,}05^4 = 0{,}0680\ldots \approx 6{,}8\%$;
$p_{(2)} = 0{,}50 \cdot 0{,}25 \cdot 0{,}20 \cdot 0{,}05 \cdot 4! = 3{,}0\%$

b) H_0: $p = 0{,}20$
Die Zufallsgröße X (Anzahl der Schüler/Schülerinnen, die Menü 3 wählen) ist binomial verteilt.
$n = 50$; $p = 0{,}20$; $X > 15$:
$P(X > 15) = 1 - P(X \leq 15) = 1 - F(50;\ 0{,}20;\ 15) \approx 1 - 0{,}96920 = 0{,}03080 \approx 3{,}1\%$:
Die Wahrscheinlichkeit, dass die Nullhypothese zu Unrecht abgelehnt wird, beträgt etwa 3%.
Wenn Menü 3 irrtümlicherweise nachgekocht wird, bleibt Essen übrig; dadurch entstehen finanzielle und ökologische Nachteile.

2. a) Es liegt eine Bernoulli-Kette mit $n = 30$ und $p = 0{,}75$ vor.
$P(X \geq 24) = 1 - P(X \leq 23) = 1 - F(30;\ 0{,}75;\ 23) \approx 1 - 0{,}65195 = 0{,}34805 \approx 35\%$:
Mit einer Wahrscheinlichkeit von etwa 35% wird die Trefferquote irrtümlich für höher als 75% gehalten.

b) H_0: $p \leq 0{,}75$; $n = 30$; $p = 0{,}75$; Signifikanzniveau: 0,05
Annahmebereich: $A = \{0;\ 1;\ \ldots;\ k\}$
Ablehnungsbereich: $\overline{A} = \{k + 1;\ \ldots;\ 29;\ 30\}$
$P(X \geq k + 1) = 1 - P(X \leq k) = 1 - F(30;\ 0{,}75;\ k) \leq 0{,}05$;
$F(30;\ 0{,}75;\ k) \geq 0{,}95$; $k \in \mathbb{N}_0$:
$k \geq 26$; $\overline{A} = \{27;\ 28;\ 29;\ 30\}$
Entscheidungsregel:
Die Nullhypothese wird abgelehnt, wenn von 30 Elfmetern mindestens 27 „verwandelt" werden.

c) $n = 50$; $p = 0{,}75$:
$P(X \geq 40) = 1 - P(X \leq 39) = 1 - F(50;\ 0{,}75;\ 39) \approx 1 - 0{,}73780 = 0{,}26220 \approx 26\%$:
Die Irrtumswahrscheinlichkeit wird kleiner.

3. (1) **a)** Ziehen von fünf Münzen „mit einem Griff" ist gleichbedeutend mit Ziehen von fünfmal nacheinander je einer Münze ohne Zurücklegen.

P(„genau zwei deutsche 2-Euro-Münzen") $= \frac{\binom{5}{2}\binom{6}{3}}{\binom{11}{5}} = \frac{10 \cdot 20}{462} = \frac{100}{231} \approx 43{,}3\%$

Hinweis: Formel (Merkhilfe) $P(X = k) = \frac{\binom{K}{k} \cdot \binom{N-K}{n-k}}{\binom{N}{n}}$

mit $N = 11$; $n = 5$; $K = 5$; $k = 2$; $N - K = 6$; $n - k = 3$

b) $7 \cdot 5! \cdot 6! = 604\,800$:
Dieter kann die Münzen auf 604 800 verschiedene Arten nebeneinander legen.
Hinweis:
DDDDD . . . . . .
⋮ DDDDD . . . . .

. . . . . . DDDDD

(2) a) Das Geschäft ist für Dieter günstig, wenn er mindestens drei finnische 1-Cent-Münzen aus der Urne zieht, da $2 \cdot 6\,€ = 12\,€ < 15\,€$ und $3 \cdot 6\,€ = 18\,€ > 15\,€$ ist.
Weil in der Urne „sehr viele" Münzen sind, kann p als konstant (hier: 0,10) angesehen werden.
Die Zufallsgröße X (Anzahl der gezogenen finnischen 1-Cent-Münzen) kann als binomial verteilt (mit n = 20 und p = 0,10) angesehen werden.
$P(X \geq 3) = 1 - P(X \leq 2) = 1 - F(20; 0{,}10; 2) \approx 1 - 0{,}67693 = 0{,}32307 \approx 32{,}3\%$:
Mit etwa 32% Wahrscheinlichkeit geht das Geschäft für Dieter günstig aus.

b) Nullhypothese H_0: $p \geq 0{,}10$
Ablehnungsbereich: $\overline{A} = \{0; 1; 2; \ldots; k\}$
(Die Nullhypothese wird abgelehnt, wenn k „klein" ist.)
Annahmebereich: $A = \{k + 1; \ldots; 199; 200\}$
$P(X \leq k) \leq 0{,}05$;
$F(200; 0{,}10; k) \leq 0{,}05$; $k \in \mathbb{N}_0$;
$k \leq 12$:
Dieter zieht 200-mal je eine 1-Cent-Münze (mit Zurücklegen). Wenn unter den 200 gezogenen Münzen weniger als 13 finnische sind, wird die Nullhypothese abgelehnt.

4. Die Zufallsgröße X (Anzahl der Befürworter des Stadionausbaus) ist binomial verteilt.
Nullhypothese H_0: $p \geq 0{,}80$
Ablehnungsbereich: $\overline{A} = \{0; 1; 2; \ldots; k\}$
(Die Nullhypothese wird abgelehnt, wenn k „klein" ist.)
Annahmebereich: $A = \{k + 1; \ldots; 99; 100\}$
$P(X \leq k) = F(100; 0{,}80; k) \leq 0{,}10$; $k \in \mathbb{N}_0$;
$k \leq 74$:
Sprechen sich höchstens 74 der Befragten für einen Ausbau des Stadions aus, dann wird die Nullhypothese abgelehnt.
Gegen diesen Test kann eingewendet werden, dass die Befragten „Fußballfans" und deshalb für die Grundgesamtheit (die Menge *aller* Einwohner der Stadt M.) nicht repräsentativ sind.

5. (1) Die Zufallsgröße X (Anzahl der Personen, die BioFrucht kennen) ist binomial verteilt.
a) Der Bekanntheitsgrad ist 30%.
Der Hersteller rückt von seiner Hypothese $p \geq 40\%$ ab, wenn unter 200 zufällig ausgewählten Personen weniger als 70 Personen angeben, BioFrucht zu kennen.
Also stellt sich die Frage, mit welcher Wahrscheinlichkeit mindestens 70 dieser 200 Personen angeben, BioFrucht zu kennen, obwohl der Bekanntheitsgrad nur 30% beträgt.
$P(X \geq 70) = 1 - P(X \leq 69) = 1 - F(200; 0{,}30; 69) \approx 1 - 0{,}92721 = 0{,}07279 \approx 7{,}3\%$:
Mit etwa 7,3% Wahrscheinlichkeit
- geben mindestens 70 Personen an, BioFrucht zu kennen und
- werden deshalb keine Getränkeproben verteilt.

b) Mit welcher Wahrscheinlichkeit geben weniger als 70 von 200 befragten Personen an, BioFrucht zu kennen, obwohl der Bekanntheitsgrad mindestens 40% beträgt?
$P(X < 70) = P(X \leq 69) = F(200; 0{,}40; 69) \approx 0{,}06390 \approx 6{,}4\%$:
Mit etwa 6,4% Wahrscheinlichkeit
- geben weniger als 70 der 200 Personen an, BioFrucht zu kennen, obwohl der Bekanntheitsgrad mindestens 40% beträgt, und
- werden deshalb unnötigerweise Getränkeproben verteilt.

(2) a) $12\% \mathrel{\hat=} 204$; $1\% \mathrel{\hat=} 17$; $42\% \mathrel{\hat=} 714$; $100\% \mathrel{\hat=} 1\,700$:
Es gaben 42% von 1 700 Personen, also 714 Personen, Dattel als Lieblingssorte an.

b)

	w	m	
D	**0,10**	0,32	**0,42**
$\overline{D}$	0,33	**0,25**	0,58
	0,43	0,57	**1,00**

w: weiblich
m: männlich
D: Dattel
$\overline{D}$: Apfel, Brombeere oder Citro

$P(m \cap D) = 0{,}42 - 0{,}10 = 0{,}32$;
$P(m) = 0{,}32 + 0{,}25 = 0{,}57$;
$P(\overline{D}) = 1 - 0{,}42 = 0{,}58$;
$P(w) = 1 - 0{,}57 = 0{,}43$;
$P(w \cap \overline{D}) = 0{,}43 - 0{,}10 = 0{,}33$;
$P(D \cap m) = P(m \cap D) = 0{,}32$;
$P(D) \cdot P(m) = 0{,}42 \cdot 0{,}57 = 0{,}2394 \neq P(D \cap m)$: Die beiden Ereignisse sind voneinander stochastisch abhängig.

6. Wegen der angegebenen Modellierung kann die Zufallsgröße X (Anzahl der anwesenden Mitglieder) als binomial verteilt angesehen werden.
(1) a) $n = 50$; $p = 0{,}85$:
$p_a = P(X \geq 40) = 1 - P(X \leq 39) = 1 - F(50; 0{,}85; 39) \approx 1 - 0{,}11992 = 0{,}88008 \approx 88{,}0\%$
b) $p_b = B(30; 0{,}15; 6) \cdot B(20; 0{,}15; 4) \approx 0{,}13684 \cdot 0{,}18212 = 0{,}0249\ldots \approx 2{,}5\%$
c) $p_c = B(45; 0{,}15; 0) + B(45; 0{,}15; 1) = \binom{45}{0} \cdot 0{,}15^0 \cdot 0{,}85^{45} + \binom{45}{1} \cdot 0{,}15^1 \cdot 0{,}85^{44} =$
$= 6{,}6657\ldots \cdot 10^{-4} + 5{,}2934\ldots \cdot 10^{-3} = 5{,}9600\ldots \cdot 10^{-3} = 0{,}00596\ldots \approx 0{,}6\%$
d) $p_d = 0{,}15 \cdot 0{,}85 \cdot 2 = 25{,}5\%$
e) P(„Alle fünf Tenöre sind anwesend") $= 0{,}85^5$;
P(„Nicht alle fünf Tenöre sind anwesend") = P(„Mindestens einer der fünf Tenöre ist abwesend") =
$= 1 - 0{,}85^5$;
$1 - (1 - 0{,}85^5)^n > 0{,}99$;
$-(1 - 0{,}85^5)^n > -0{,}01$;
$(1 - 0{,}85^5)^n < 0{,}01$;
$n \cdot \log(1 - 0{,}85^5) < \log 0{,}01$;
$n > \frac{\log 0{,}01}{\log(1 - 0{,}85^5)} = 7{,}852\ldots$; $n \in \mathbb{N}$:
Es müssen mindestens acht Chorproben abgehalten werden.

Testen von Hypothesen / Lösungen zu Seite 42

(2) Die Nullhypothese H_0: $p \geq 0{,}85$ wird abgelehnt, wenn „wenige" Chormitglieder anwesend sind.
$n = 4 \cdot 50 = 200$;
Ablehnungsbereich: $\overline{A} = \{0; 1; 2; \ldots; k\}$
Annahmebereich: $A = \{k + 1; \ldots; 199; 200\}$
$P(X \leq k) \leq 0{,}05$;
$F(200; 0{,}85; k) \leq 0{,}05$; $k \in \mathbb{N}_0$;
$k \leq 161$:
Die Nullhypothese wird abgelehnt, wenn zu den vier Chorproben insgesamt weniger als 162 Mitglieder erscheinen.

(3)
- Es könnte sein, dass die Mitglieder nicht unabhängig voneinander an den Chorproben teilnehmen. Beispiele für mögliche Gründe:
  - Befreundete Chormitglieder kommen gemeinsam.
  - Eine Fahrgemeinschaft „platzt".
- Es könnte sein, dass die Teilnahmewahrscheinlichkeit nicht konstant ist. Unterschiedliches Teilnahmeverhalten könnte sich z. B.
  - wetterabhängig sowie
  - fußballübertragungsabhängig ergeben.

(4) **a)** $\binom{5}{1} \cdot \binom{8}{2} \cdot \binom{7}{2} = 2\,940$:
Für die Zusammensetzung des Quintetts gibt es 2 940 verschiedene Möglichkeiten.

b) $B_1\,B_2\,.\,.\,.$
$.\,B_1\,B_2\,.\,.$
$.\,.\,B_1\,B_2\,.$
$.\,.\,.\,B_1\,B_2$

Die beiden Bässe B_1 und B_2 können noch ihre Plätze tauschen:
$(3! \cdot 4) \cdot 2 = 48$:
Es gibt 48 verschiedene Anordnungsmöglichkeiten.

Fit für Klausuren und für das Abitur / Lösungen zu Seite 43

1.

	Aussage	wahr	falsch
a)	Jedes Bernoulli-Experiment hat genau zwei Ergebnisse.	x	
b)	Jede Bernoulli-Kette ist eine Serie von lauter gleichen Bernoulli-Experimenten.	x	
c)	Der Parameter p jeder Bernoulli-Kette ist eine Wahrscheinlichkeit.	x	
d)	Ziehen ohne Zurücklegen führt stets auf unabhängige Ereignisse.		x
e)	$P(X > k) = 1 - P(X < k)$; $k \in \mathbb{N}$; $X \in \mathbb{N}_0$		x
f)	$P(X > k) = 1 - P(X \leq k)$; $k \in \mathbb{N}_0$; $X \in \mathbb{N}_0$	x	
g)	Jedes Laplace-Experiment lässt sich durch ein Urnenmodell veranschaulichen.	x	
h)	Bei einem Laplace-Experiment hat stets jedes Elementarereignis die gleiche Wahrscheinlichkeit.	x	
i)	Jede nach B(n; p) verteilte Zufallsgröße nimmt genau n verschiedene Werte an.		x
j)	Die Histogramme binomial verteilter Zufallsgrößen sind stets symmetrisch.		x
k)	$P(X \geq k) = 1 - P(X \leq k - 1)$; $k \in \mathbb{N}$; $X \in \mathbb{N}_0$	x	
l)	$P(X = k) = P(X \leq k) - P(X \leq k - 1)$; $k \in \mathbb{N}$; $X \in \mathbb{N}_0$	x	
m)	$\binom{n}{k} = \binom{n}{n-k}$; $n \in \mathbb{N}$; $k \in \{0; 1; 2; \ldots; n\}$	x	
n)	$0! = 1!$	x	
o)	Jede Binomialverteilung ist eine Funktion; sie wird oft in Tabellenform angegeben.	x	
p)	Wenn zwei Binomialverteilungen den gleichen Erwartungswert besitzen, haben stets auch ihre Standardabweichungen den gleichen Wert.		x

d) *Gegenbeispiel*: Aus einer Urne mit genau einer schwarzen Kugel und zwei weißen Kugeln werden nacheinander zwei Kugeln ohne Zurücklegen gezogen. Dann sind die beiden Ereignisse E_1: „Die erste gezogene Kugel ist weiß" $[P(E_1) = \frac{2}{3}]$ und E_2: „Die zweite gezogene Kugel ist weiß" $[P(E_2) = \frac{1}{3} \cdot 1 + \frac{2}{3} \cdot \frac{1}{2} = \frac{2}{3}]$ wegen $P(E_1 \cap E_2) = \frac{2}{3} \cdot \frac{1}{2} = \frac{1}{3} \neq P(E_1) \cdot P(E_2) = \frac{4}{9}$ voneinander stochastisch abhängig.

e) Wahr ist z. B.:
$P(X > k) = 1 - P(X \leq k)$; $k \in \mathbb{N}_0$; $X \in \mathbb{N}_0$ [vgl. 1. f)]

i) Wahr ist z. B.:
B(n; p) nimmt n + 1 verschiedene Werte an.

j) Wahr ist z. B.: Sie sind für $p = \frac{1}{2}$ symmetrisch.

p) *Gegenbeispiel*: $n_1 = 5$; $p_1 = 0{,}2$; $\mu_1 = n_1 p_1 = 1$; $\sigma_1 = \sqrt{n_1 p_1 (1 - p_1)} = \frac{2}{5}\sqrt{5}$;
$n_2 = 10$; $p_2 = 0{,}1$; $\mu_2 = 1 = \mu_1$; $\sigma_2 = \frac{3}{10}\sqrt{10} \neq \sigma_1$

2.

	Aussage	wahr	falsch
a)	Wenn eine Urne genau neun von 1 bis 9 nummerierte Kugeln enthält, zieht man mit einer Wahrscheinlichkeit von etwa 44% als erste Kugel eine Kugel mit „Primzahlnummer".	x	
b)	Wenn Nina aus einer Lostrommel mit 10 Losen (unter ihnen sind vier Gewinnlose) drei Lose zieht, zieht sie mit 50% Wahrscheinlichkeit genau ein Gewinnlos.	x	
c)	$\binom{12}{12} - \binom{12}{1} = 11$		x
d)	Man kann aus 18 Schülern auf 153 Arten zwei Schüler auswählen.	x	
e)	Man muss einen Laplace-Spielwürfel mindestens viermal werfen, um mit einer Wahrscheinlichkeit von mindestens 50% mindestens eine Sechs zu werfen.	x	
f)	Wenn Andrea zwei Laplace-Spielwürfel viermal wirft, erhält sie mit einer Wahrscheinlichkeit von etwa 11% mindestens einen „Sechserpasch" (d.h. eine Doppelsechs).	x	
g)	Wenn Philipp aus einer Lostrommel mit 250 Losen (unter ihnen sind 100 Gewinnlose, davon ein Hauptgewinn) ein Gewinnlos zieht, dann ist es mit einer Wahrscheinlichkeit von 2% der Hauptgewinn.		x
h)	Es gibt genau vier verschiedene Produkte von je zwei ganzen Zahlen, die den Produktwert 30 haben und bei denen der erste Faktor kleiner als der zweite ist.		x
i)	Die Wahrscheinlichkeit, dass eine zufällig ausgewählte dreistellige natürliche Zahl gerade und größer als 399 ist, ist $\frac{1}{3}$.	x	
j)	Wenn Markus mit einem Griff drei Kugeln aus einer Urne mit genau sechs roten und vier blauen Kugeln zieht, ist mit einer Wahrscheinlichkeit von $\frac{5}{6}$ unter diesen drei Kugeln mindestens eine blaue.	x	
k)	Wenn man in einer Stadt, in der 95% aller Haushalte (mindestens) einen Kühlschrank besitzen, einhundert Haushalte zufällig auswählt, ist die Wahrscheinlichkeit des Ereignisses E: „In mindestens 88 und höchstens 98 der ausgewählten Haushalte ist (mindestens) ein Kühlschrank vorhanden" etwa 93%.		x
l)	Das Maximum einer Binomialverteilung liegt stets in der Nähe des Erwartungswerts.	x	
m)	Sowohl der Erwartungswert wie auch die Varianz und die Standardabweichung sind stets positive Zahlen.		x
n)	Der Fehler, den man begeht, wenn man eine wahre Hypothese verwirft, heißt Fehler 1. Art (oder α-Fehler).	x	
o)	Die vorgegebene obere Schranke für die Irrtumswahrscheinlichkeit 1. Art nennt man Signifikanzniveau.	x	
p)	Die Wahrscheinlichkeit, dass nicht alle Ticketbesitzer, die die Reise wirklich antreten wollen (da erfahrungsgemäß 10% der gebuchten Flüge nicht angetreten werden, gehen die Fluggesellschaften immer mehr dazu über, Flüge mit etwa 10% zu überbuchen), mit einem Flugzeug mit 185 Plätzen, für die 200 Tickets verkauft wurden, befördert werden können, beträgt etwa 9,3%.	x	

Hinweise:

a) Primzahlen: 2; 3; 5; 7;
P(„Primzahl") = $\frac{4}{9} \approx 44\%$

b) P(„genau ein Gewinnlos") = $\frac{4}{10} \cdot \frac{6}{9} \cdot \frac{5}{8} + \frac{6}{10} \cdot \frac{4}{9} \cdot \frac{5}{8} + \frac{6}{10} \cdot \frac{5}{9} \cdot \frac{4}{8} = \left(\frac{4}{10} \cdot \frac{6}{9} \cdot \frac{5}{8}\right) \cdot 3 = \frac{1}{2} = 50\%$

c) $\binom{12}{12} - \binom{12}{1} = 1 - 12 = -11$

d) $\binom{18}{2} = \frac{18!}{2! \cdot 16!} = \frac{18 \cdot 17}{2 \cdot 1} = 9 \cdot 17 = 153$

e) $1 - \left(\frac{5}{6}\right)^n \geq 0{,}50;$
$-\left(\frac{5}{6}\right)^n \geq -0{,}50; \mid \cdot (-1) \quad [-1 < 0]$
$\left(\frac{5}{6}\right)^n \leq 0{,}50; \mid \ln(\ldots)$
$n \cdot \ln\frac{5}{6} \leq \ln 0{,}50; \mid : \ln\frac{5}{6} \quad [\ln\frac{5}{6} < 0]$
$n \geq \frac{\ln 0{,}50}{\ln\frac{5}{6}} = 3{,}801\ldots;\ n \in \mathbb{N}$:
$n \geq 4$

f) P(„mindestens ein Sechserpasch") = $1 - \left(1 - \frac{1}{36}\right)^4 = 1 - \left(\frac{35}{36}\right)^4 \approx 10{,}7\%$

g) P_{Gewinn}(„Hauptgewinn") = $\frac{1}{100} = 1\% \neq 2\%$

h) Es gibt nicht vier, sondern acht derartige Produkte, nämlich $(-30) \cdot (-1)$, $(-15) \cdot (-2)$, $(-10) \cdot (-3)$, $(-6) \cdot (-5)$, $1 \cdot 30$, $2 \cdot 15$, $3 \cdot 10$ und $5 \cdot 6$.

i) Es gibt 900 dreistellige natürliche Zahlen; 300 von ihnen sind gerade und größer als 399:
P(„dreistellig, gerade und größer als 399") = $\frac{300}{900} = \frac{1}{3}$

j) P(„mindestens eine blaue Kugel") = 1 – P („keine blaue Kugel") =
$= 1 - \frac{6}{10} \cdot \frac{5}{9} \cdot \frac{4}{8} = 1 - \frac{1}{6} = \frac{5}{6}$

k) $n = 100;\ p = 0{,}95$:
$P(88 \leq X \leq 98) = F(100; 0{,}95; 98) - F(100; 0{,}95; 87) \approx 0{,}96292 - 0{,}00146 = 0{,}96146 \approx 96\%$

m) Der Erwartungswert einer Zufallsgröße kann positiv, negativ oder null sein; Varianz und Standardabweichung können beide sowohl positiv wie auch null sein.

p) $n = 200$;
P(„Ticketbesitzer will Flugreise antreten") = 1 – 10% = 90% = 0,90:
$P(X > 185) = 1 - P(X \leq 185) = 1 - F(200; 0{,}90; 185) \approx 1 - 0{,}90705 = 0{,}09295 \approx 9{,}3\%$

3. (1)

	F	$\overline{F}$	
B	460	420	880
$\overline{B}$	800	320	1 120
	1 260	740	2 000

F: Person frühstückt
$\overline{F}$: Person frühstückt nicht
B: Person ist berufstätig
$\overline{B}$: Person ist nicht berufstätig

1 260 – 800 = 460;
460 + 420 = 880;
2 000 – 880 = 1 120;
1 120 – 800 = 320;
$P(F) \cdot P(B) = \frac{1\,260}{2\,000} \cdot \frac{880}{2\,000} = 0{,}63 \cdot 0{,}44 = 0{,}2772$;
$P(F \cap B) = \frac{460}{2\,000} = 0{,}23 \neq P(F) \cdot P(B)$:
Die Ereignisse F und B sind voneinander stochastisch abhängig.

Fit für Klausuren und für das Abitur / Lösungen zu Seite 45

(2) $\binom{2}{1} \cdot \binom{16}{4} = 2 \cdot 1\,820 = 3\,640$:

Es können 3 640 verschiedene Packungen zusammengestellt werden.

(3) **a)** Anzahl der verschiedenen Zusammenstellungen:

$2 \cdot (9 \cdot 4 + 9 \cdot 3 + 4 \cdot 3) = 2 \cdot 75 = 150$

Basism. Frucht Nuss Frucht Getreide Nuss Getreide

b) P(„Gratispackung enthält keinen Nusszusatz") $= \frac{2 \cdot (9 \cdot 3)}{150} = 36\%$

c) $P(X = 4) + P(X = 5) = 5 \cdot 0{,}36^4 \cdot (1 - 0{,}36) + 0{,}36^5 \approx 6{,}0\%$

d) Beispiel für ein mögliches Ereignis D:
Am Montag und am Mittwoch sowie an zwei weiteren Tagen der Schulwoche enthält die Gratispackung keinen Nusszusatz.

e) $1 - (1 - 0{,}36)^n > 0{,}99$;
$-0{,}64^n > -0{,}01$;
$0{,}64^n < 0{,}01$;
$n \cdot \ln 0{,}64 < \ln 0{,}01$;
$n > \frac{\ln 0{,}01}{\ln 0{,}64} = 10{,}318\ldots;\ n \in \mathbb{N}$;
$n \geq 11$:
Es müssen mindestens 11 Gratispackungen zusammengestellt werden.

f) Nullhypothese H_0: $p \geq 0{,}50$;
$n = 100$;
Ablehnungsbereich: $\overline{A} = \{0; 1; \ldots k\}$;
Annahmebereich: $A = \{k + 1; \ldots; 100\}$;
$P(X \leq k) \leq 0{,}10$;
$F(100; 0{,}50; k) \leq 0{,}10$;
$k \leq 43$:
Wenn sich höchstens 43 der befragten Jugendlichen für Müsli ohne Nusszusatz aussprechen, wird die Nullhypothese verworfen, sonst nicht.

(4) **a)** $P(X = 4) = f(p) = \binom{6}{4} \cdot p^4 \cdot (1 - p)^2 = 15 \cdot p^4 \cdot (1 - 2p + p^2) = 15(p^6 - 2p^5 + p^4);\ 0 \leq p \leq 1$

b) $f(0) = 0$; $f(1) = 0$; $0 < p < 1$:
$f'(p) = 15 \cdot (6p^5 - 10p^4 + 4p^3)$
Nullstelle von $f'(p)$ im Bereich $0 < p < 1$:
$30p^3 \cdot (3p^2 - 5p + 2) = 0$; $p \neq 0$:
$3p^2 - 5p + 2 = 0$;
$p = \frac{5 \pm \sqrt{5^2 - 4 \cdot 3 \cdot 2}}{6} = \frac{5 \pm 1}{6}$; $p \neq 1$: $p = \frac{2}{3}$

Sowohl für $p = 0$ (keine Packung enthält einen Gutschein) wie auch für $p = 1$ (jede Packung enthält einen Gutschein) ist E: „Genau 4 von 6 Packungen enthalten einen Gutschein" ein unmögliches Ereignis; deshalb hat für diese beiden Werte von p die Wahrscheinlichkeit ein Minimum: $f(0) = 0 = f(1)$.

Wegen $f'(p) = 90p^3\left(p^2 - \frac{5}{3}p + \frac{2}{3}\right) = 90p^3\,(p - 1)\left(p - \frac{2}{3}\right)$ liegt an der Stelle $p = \frac{2}{3}$ ein Vorzeichenwechsel von $f'(p)$ von + nach – vor; es ist also für $p = \frac{2}{3}$ die Wahrscheinlichkeit, dass sich in genau 4 von 6 Packungen ein Gutschein befindet, maximal:

$f\left(\frac{2}{3}\right) = 15 \cdot \left(\frac{2}{3}\right)^4 \left(1 - \frac{2}{3}\right)^2 = 15 \cdot \frac{16}{81} \cdot \frac{1}{9} \approx 32{,}9\%$

Hinweis: Für $n = 6$ und $p = \frac{2}{3}$ ist der Erwartungswert $\mu = np = 4$.

Fit für Klausuren und für das Abitur / Lösungen zu Seite 46

4. a)

Jahr	2005	2006	2007
Anzahl der Befürworter des Rauchverbots	1 340 – 280 = = 1 060	1 340 – 160 = = 1 180	0,670 · 2 000 = = 1 340
Prozentsatz	$\frac{1\,060}{2\,000} = 53{,}0\%$	$\frac{1\,180}{2\,000} = 59{,}0\%$	67,0%

b) (1) Die Person ist Raucher(in), befürwortet aber das Rauchverbot in Restaurants.

(2) $p_1 = 1 - 0{,}670 = 0{,}330 = 33{,}0\%$;
$p_2 \cdot 0{,}670 = 0{,}075$;
$p_2 = \frac{0{,}075}{0{,}670} \approx 11{,}2\%$;
$p_3 \cdot 0{,}670 = 0{,}595$;
$p_3 = \frac{0{,}595}{0{,}670} \approx 88{,}8\%$ *oder:* $p_3 = 1 - p_2 \approx 1 - 0{,}112 = 0{,}888 = 88{,}8\%$;
$p_1 \cdot p_4 = 0{,}265$;
$p_4 = \frac{0{,}265}{0{,}330} \approx 80{,}3\%$ *oder:* $p_4 = 1 - 19{,}7\% = 1 - 0{,}197 = 0{,}803 = 80{,}3\%$;
$p_5 = p_1 \cdot 0{,}197 = 0{,}330 \cdot 0{,}197 \approx 6{,}5\%$

(3) $P(B) = 67{,}0\%$;
$P(R) = 34{,}0\%$;
$P(B) \cdot P(R) = 0{,}670 \cdot 0{,}340 \approx 22{,}8\%$;
$P(B \cap R) = 7{,}5\% \neq P(B) \cdot P(R)$;
also sind die Ereignisse B und R voneinander stochastisch abhängig.

	B	$\overline{B}$	
R	7,5%	26,5%	34,0%
$\overline{R}$	59,5%	6,5%	66,0%
	67,0%	33,0%	100%

(4) Da $P(R) = 0{,}340$ ist, ist $0{,}340 \cdot 2\,000 = 680$ die Anzahl der Raucher(innen) unter den befragten Personen.

(5) $0{,}075 \cdot 2\,000 = 150$;
$P_R(B) = \frac{150}{680} \approx 22{,}1\%$ *oder*: $P_R(B) = \frac{P(R \cap B)}{P(R)} = \frac{7{,}5\%}{34{,}0\%} \approx 22{,}1\%$

c) (1) $P(X \leq 10) = F(12; 0{,}67; 10) = 1 - P(X = 11) - P(X = 12) =$
$= 1 - \binom{12}{11} \cdot 0{,}67^{11} \cdot 0{,}33^1 - \binom{12}{12} 0{,}67^{12} \cdot 0{,}33^0 = 1 - 0{,}04836\ldots - 0{,}00818\ldots \approx 94{,}3\%$

(2) $1 - 0{,}33^n > 0{,}99$;
$-0{,}33^n > -0{,}01$; $| \cdot (-1)$
$0{,}33^n < 0{,}01$;
$n \cdot \ln 0{,}33 < \ln 0{,}01$; $| : \ln 0{,}33$ $[\ln 0{,}33 < 0]$
$n > \frac{\ln 0{,}01}{\ln 0{,}33} = 4{,}1538\ldots;\ n \in \mathbb{N}$:
Es müssen mindestens fünf Personen ausgewählt werden.

d) H_0: $p \leq 0{,}60$; $n = 100$
Annahmebereich: $A = \{0; 1; 2; \ldots; k\}$
Ablehnungsbereich: $\overline{A} = \{k + 1; \ldots; 99; 100\}$
$P(X > k) = 1 - P(X \leq k) \leq 0{,}05$;
$1 - F(100; 0{,}60; k) \leq 0{,}05$;
$F(100; 0{,}60; k) \geq 0{,}95$;
$k \geq 68$:
Maximaler Ablehnungsbereich: $\overline{A} = \{69; 70; 71; \ldots; 100\}$
Entscheidungsregel: Wenn unter den 100 befragten Personen mindestens 69 Befürworter des Rauchverbots in Restaurants sind, sollte man auf dem 5%-Signifikanzniveau die Hypothese H_0 ablehnen.

Fit für Klausuren und für das Abitur / Lösungen zu Seite 46/47

e) Baumdiagramm:

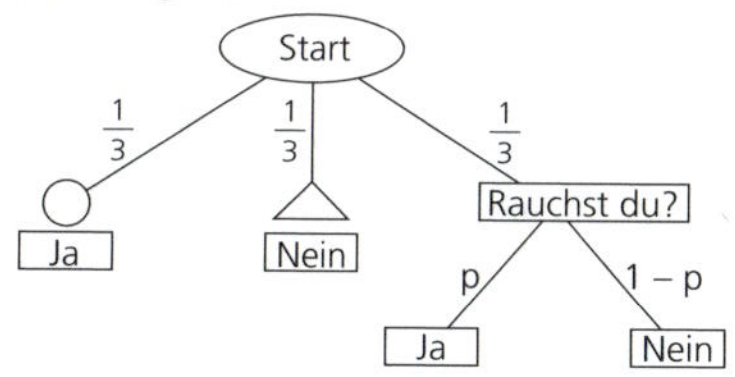

„Ja": $\frac{1}{3} + \frac{p}{3} \approx \frac{138}{357}$; $\frac{p}{3} \approx \frac{19}{357}$; $p \approx \frac{19}{119} \approx 16\%$

5. (1) $\binom{18}{6} \cdot \binom{12}{5} \cdot \binom{7}{4} \cdot \binom{3}{3} = 514\,594\,080$

(2) Die Zufallsgröße X (Anzahl der richtigen Lösungen) ist binomial verteilt.

a) $P(A) = P(X > 5) = 1 - P(X \leq 5) = 1 - F(10; \frac{1}{3}; 5) \approx 1 - 0{,}92344 = 0{,}07656 \approx 7{,}7\%$

b) $1 - F(10; p; 5) < 0{,}01$;
$F(10; p; 5) > 0{,}99$;
$p = \frac{1}{4}$: $F(10; \frac{1}{4}; 5) \approx 0{,}98027 < 0{,}99$;
$p = \frac{1}{5}$: $F(10; \frac{1}{5}; 5) \approx 0{,}99363 > 0{,}99$:
Es müssen pro Frage mindestens 5 Antwortmöglichkeiten vorgegeben werden, damit P(A) unter 1% liegt.

(3) **a)** $p_a = \binom{11}{2} \cdot 0{,}05^2 \cdot 0{,}95^9 = 0{,}086659\ldots \approx 8{,}7\%$

b) $p_b = 0{,}95^{11} \cdot 0{,}98^{18} = 0{,}39539\ldots \approx 39{,}5\%$

c)
- Es verletzt sich kein Junge und genau ein Mädchen oder
- es verletzt sich genau ein Junge und kein Mädchen oder
- es verletzt sich weder ein Junge noch ein Mädchen:

$p_c = 0{,}95^{11} \cdot \binom{18}{1} \cdot 0{,}02 \cdot 0{,}98^{17} + \binom{11}{1} \cdot 0{,}05 \cdot 0{,}95^{10} \cdot 0{,}98^{18} + 0{,}95^{11} \cdot 0{,}98^{18} =$
$= 0{,}145246\ldots + 0{,}228911\ldots + 0{,}395393\ldots \approx 77{,}0\%$

(4) Nullhypothese: $p \geq 0{,}80$;
$n = 200$
Die Nullhypothese wird abgelehnt, wenn „wenige" Wintersportler auf Alkohol verzichten.
Ablehnungsbereich: $\overline{A} = \{0; 1; 2; \ldots; k\}$
Annahmebereich: $A = \{k + 1; \ldots; 199; 200\}$
$P(X \leq k) = F(200; 0{,}80; k) \leq 0{,}05$; $k \leq 150$:
Der größtmögliche Ablehnungsbereich ist $\{0; 1; 2; \ldots; 150\}$. Die Vermutung der Bergwacht sollte also verworfen werden, wenn der Alkoholtest bei höchstens 150 der 200 Probanden negativ ausfällt.

(5)

	w	m	
b	0,27	0,33	0,60
s	0,18	0,22	0,40
	0,45	0,55	1,00

w: weiblich
m: männlich
b: blaue Abfahrt
s: schwarze Abfahrt

$P(b) = 0{,}60$; $P(m) = 0{,}55$;
$P(b) \cdot P(m) = 0{,}60 \cdot 0{,}55 = 0{,}33$;
$P(b \cap m) = 0{,}33 = P(b) \cdot P(m)$:
Die beiden Ereignisse sind voneinander stochastisch unabhängig.

Fit für Klausuren und für das Abitur / Lösungen zu Seite 47/48

(6) **a)** $p_a = \frac{\binom{10}{3}}{\binom{20}{3}} = \frac{120}{1\,140} = \frac{2}{19} \approx 10{,}5\%$

b) $p_b = \frac{18}{\binom{20}{3}} = \frac{18}{1\,140} = \frac{3}{190} \approx 1{,}6\%$

Hinweis: Es gibt bei 20 Plätzen 18 mögliche Positionen für die 3 Mädchen:
xxxooooooooooooooooo
oxxxoooooooooooooooo
ooxxxooooooooooooooo
…
oooooooooooooooooxxx

6. (1) $C = \overline{A} \cap \overline{B} = \overline{A \cup B}$; $D = \overline{A \cap B} = \overline{A} \cup \overline{B}$
Da A und B voneinander stochastisch unabhängig sind, gilt $P(A \cap B) = P(A) \cdot P(B) = \frac{1}{4} \cdot \frac{1}{6} = \frac{1}{24}$:

	A	$\overline{A}$	
B	$\frac{1}{24}$	$\frac{1}{8}$	$\frac{1}{6}$
$\overline{B}$	$\frac{5}{24}$	$\frac{5}{8}$	$\frac{5}{6}$
	$\frac{1}{4}$	$\frac{3}{4}$	1

$P(A \cap \overline{B}) = \frac{1}{4} - \frac{1}{24} = \frac{5}{24}$;
$P(\overline{A} \cap B) = \frac{1}{6} - \frac{1}{24} = \frac{1}{8}$;
$P(\overline{B}) = 1 - \frac{1}{6} = \frac{5}{6}$;
$P(\overline{A} \cap \overline{B}) = \frac{5}{6} - \frac{5}{24} = \frac{5}{8}$;
$P(\overline{A}) = 1 - \frac{1}{4} = \frac{3}{4}$;
$P(C) = P(\overline{A} \cap \overline{B}) = \frac{5}{8}$;
$P(D) = P(\overline{A \cap B}) = 1 - \frac{1}{24} = \frac{23}{24}$

(2) **a)** Der Kandidat „erdreht" 4 und wirft nicht 4, oder er „erdreht" nicht 4 und wirft 4:
$p_a = \frac{1}{4} \cdot \frac{5}{6} + \frac{3}{4} \cdot \frac{1}{6} = \frac{8}{24} = \frac{1}{3}$

b) Die Zufallsgröße X (Anzahl der erzielten Kleingewinne) ist binomial verteilt mit n = 15 und $p_a = \frac{1}{3}$:
$P(X \leq 5) = F(15; \frac{1}{3}; 5) \approx 61{,}8\%$:
Mit etwa 61,8% Wahrscheinlichkeit reichen die bereitgestellten 5 Kleingewinne aus.

c) $1 - \left(\frac{2}{3}\right)^n > 0{,}99$;
$-\left(\frac{2}{3}\right)^n > -0{,}01$; [Multiplikation mit $-1 < 0$]
$\left(\frac{2}{3}\right)^n < 0{,}01$;
$n \cdot \ln\frac{2}{3} < \ln 0{,}01$; [Division durch $\ln\frac{2}{3} < 0$]
$n > \frac{\ln 0{,}01}{\ln\frac{2}{3}}$;
$n > 11{,}357\ldots$; $n \in \mathbb{N}$;
$n \geqq 12$:
Es müssen mindestens 12 Kandidaten „Gewinn mit Vier" spielen.

Fit für Klausuren und für das Abitur / Lösungen zu Seite 48

(3)

Glücksrad	Würfel	Wahrscheinlichkeit
1	3	$\frac{1}{4} \cdot \frac{1}{6}$
2	2	$\frac{1}{4} \cdot \frac{1}{6}$
3	1	$\frac{1}{4} \cdot \frac{1}{6}$

$p_{(3)} = \frac{1}{4} \cdot \frac{1}{6} \cdot 3 = \frac{1}{8} = 12{,}5\%$

(4) P(„zweimal die Zahl 4") $= \frac{1}{4} \cdot \frac{1}{6} = \frac{1}{24} \approx 4{,}17\%$;

P(„mindestens 3 000 €") $= \frac{\binom{3}{3} \cdot \binom{9}{1} + \binom{3}{2} \cdot \binom{3}{2}}{\binom{12}{4}} = \frac{9+9}{495} = \frac{2}{55} \approx 3{,}64\%$;

P(„zweimal die Zahl 4 *und* mindestens 3 000 €") $= \frac{1}{24} \cdot \frac{2}{55} = \frac{1}{660} \approx 0{,}15\%$

Hinweis: Wenn der Spieler die drei 1 000-€-Felder (und eines der übrigen neun Felder) aufdeckt, erzielt er einen Gewinn von mindestens 3 000 €.
Wenn er zwei der drei 1 000-€-Felder und zwei der drei 500-€-Felder aufdeckt, erzielt er einen Gewinn von genau 3 000 €.

(5) $n = 100$; $p = \frac{1}{6}$:

$P(X > 20) = 1 - P(X \leqq 20) = 1 - F(100; \frac{1}{6}; 20) \approx 1 - 0{,}84811 \approx 15{,}2\%$:

Bei dieser Entscheidungsregel wird ein Laplace-Spielwürfel mit etwa 15% Wahrscheinlichkeit zu Unrecht ausgetauscht.

(6) a) $\frac{5}{6} \cdot p + \frac{1}{6} \cdot (1 - p) = \frac{1}{4}; \mid \cdot 12$

$10p + 2 - 2p = 3$;

$8p = 1$;

$p = \frac{1}{8}$:

Der Zentriwinkel des Sektors „4" beträgt dann nur noch (360° : 8 =) 45°; zu jedem der übrigen drei Sektoren gehört dann ein Zentriwinkel von [(360° – 45°) : 3 =] 105°

b)

Glücksrad	Würfel	Wahrscheinlichkeit
1	3	$p_1 \cdot \frac{1}{6}$
2	2	$p_2 \cdot \frac{1}{6}$
3	1	$p_3 \cdot \frac{1}{6}$

Wahrscheinlichkeit einer erneuten Einladung:

$\frac{1}{6} \cdot (p_1 + p_2 + p_3) = \frac{1}{6} \cdot \left(1 - \frac{1}{8}\right) = \frac{1}{6} \cdot \frac{7}{8} = \frac{7}{48} > \frac{6}{48} = \frac{1}{8}$

Beispielabitur: Stochastik / Lösungen zu Seite 49/50

1. a) $p_{(1)a} \approx 100\% - 38\% = 62\%$:
Ein zufällig ausgewählter 20- bis 24-jähriger Mann ist mit 62% Wahrscheinlichkeit Nichtraucher.

b) $p_{(1)b} \approx (30\% + 38\%) : 2 = 34\%$:
Etwa 34% der 20- bis 24-Jährigen rauchen.

c) Die Zeitungsmeldung kann mit den Daten des Diagramms in Einklang stehen, wenn die Gesamtanzahl der 40- bis 44-jährigen Männer entsprechend größer als die der 20- bis 24-jährigen Männer ist:

Das Diagramm zeigt einen höheren Raucheranteil in der Altersgruppe der 20- bis 24-jährigen Männer; trotzdem ist die im Zeitungsartikel genannte Absolutanzahl rauchender Männer in dieser Altersgruppe deutlich niedriger. Der scheinbare Widerspruch ergibt sich aufgrund der (überraschend?) stark unterschiedlichen Gesamtanzahlen von Männern in den betrachteten Altersgruppen (40- bis 44-jährige Männer: etwa 3,5 Mio.; 20- bis 24-jährige Männer: etwa 2,4 Mio.).

2. 20- bis 24-jährige Frau: P(„Nichtraucherin") ≈ 0,70;
15- bis 19-jährige Frau: P(„Nichtraucherin") ≈ 0,83;
60- bis 64-jährige Frau: P(„Nichtraucherin") ≈ 0,88:
$p_{(2)} = 1 - 0{,}70^2 \cdot 0{,}83 \cdot 0{,}88 \approx 64{,}2\%$

3. 20- bis 24-jährige Frau: P(„Raucherin") ≈ 0,30

a) $P(A) = P(X = 3) \approx B(10; 0{,}30; 3) \approx 0{,}26683 \approx 26{,}7\%$;
$P(B) = P(X \leqq 4) \approx F(10; 0{,}30; 4) \approx 0{,}84973 \approx 85{,}0\%$

b) Nullhypothese H_0: $p \leqq 0{,}30$;
$n = 10$
Die Nullhypothese wird abgelehnt (d. h.: die Meinung des Skeptikers wird bestätigt), wenn die Anzahl der „Ja"-Antworten „groß" ist:

Ablehnungsbereich: $\overline{A} = \{k; k + 1; \ldots; 9; 10\}$
Annahmebereich: $A = \{0; 1; 2; \ldots; k - 1\}$;
$P(X \geqq k) = 1 - P(X \leqq k - 1) \approx 1 - F(10; 0{,}30; k - 1) \leqq 0{,}05$;
$F(10; 0{,}30; k - 1) \geqq 0{,}95$; $k - 1 \geqq 5$; $k \geqq 6$.
Da aber die Anzahl der „Ja"-Antworten nur 5 ist, stützt das Ergebnis der Umfrage die Meinung des Skeptikers (auf diesem Signifikanzniveau) nicht.

4. a) Die beiden Terme (i) und (v) sind richtig; ihr gemeinsamer Wert ist etwa 25,4%.
Hinweis: $\binom{8}{3} = \binom{8}{5}$ (= 56)

b)

starke Raucher	nicht starke Raucher	Gesamtanzahl
2	8	10
2	7	9
1	8	9

$p_{(4)b} = \binom{2}{2} \cdot 0{,}6^2 \cdot \binom{8}{8} \cdot 0{,}7^8 + \binom{2}{2} \cdot 0{,}6^2 \cdot \binom{8}{7} \cdot 0{,}7^7 \cdot 0{,}3 + \binom{2}{1} \cdot 0{,}6 \cdot 0{,}4 \cdot \binom{8}{8} \cdot 0{,}7^8 = 0{,}11957\ldots \approx$
$\approx 12{,}0\%$

c) $p_{(4)c} = \frac{\binom{2}{2} \cdot \binom{8}{3}}{\binom{10}{5}} = \frac{56}{252} = \frac{2}{9} \approx 22{,}2\%$

Beispielabitur: Stochastik / Lösungen zu Seite 51

1. a) $n = 12$; $\frac{2}{3} \cdot 12 = 8$; $p = \frac{1}{2}$:

$P(X \geq 9) = \binom{12}{9} \cdot 0{,}5^9 \cdot 0{,}5^3 + \binom{12}{10} \cdot 0{,}5^{10} \cdot 0{,}5^2 + \binom{12}{11} \cdot 0{,}5^{11} \cdot 0{,}5 + \binom{12}{12} \cdot 0{,}5^{12} \cdot 0{,}5^0 =$

$= 0{,}5^{12} \cdot (220 + 66 + 12 + 1) = 299 \cdot 0{,}5^{12} = 7{,}2998...\% > 7\%$

b) $n = 30$; $\frac{2}{3} \cdot 30 = 20$; $p = \frac{1}{2}$:

$P(X > 20) = 1 - P(X \leq 20) = 1 - F(30; 0{,}5; 20) \approx 1 - 0{,}97861 = 0{,}02139 = 2{,}139\% < 3\%$

c) Der Graphologe wird auch bei $p = 0{,}75$ als „nur ratend" eingestuft, wenn $X \leq 20$ ist.

$P(X \leq 20) = F(30; 0{,}75; 20) \approx 0{,}19659 \approx 19{,}7\%$:

Er wird mit etwa 19,7% Wahrscheinlichkeit als „nur ratend" eingestuft.

d) H_0: $p \leq 0{,}50$

Wenn „viele" Schriftproben richtig zugeordnet werden, wird die Nullhypothese verworfen.

Ablehnungsbereich: $\overline{A} = \{k; k + 1; ...; 29; 30\}$;

Annahmebereich: $A = \{0; 1; 2; ...; k - 1\}$;

$P(X \geq k) \leq 0{,}03$;

$1 - P(X \leq k - 1) \leq 0{,}03$;

$P(X \leq k - 1) \geq 0{,}97$;

$F(30; 0{,}50; k - 1) \geq 0{,}97$;

$k - 1 \geq 20$;

$k \geq 21$:

Maximaler Ablehnungsbereich: $\overline{A} = \{21; 22; ...; 30\}$

2. a) Vierfeldertafel:

	A	$\overline{A}$	
R	21	6	27
$\overline{R}$	14	9	23
	35	15	50

Baumdiagramm:

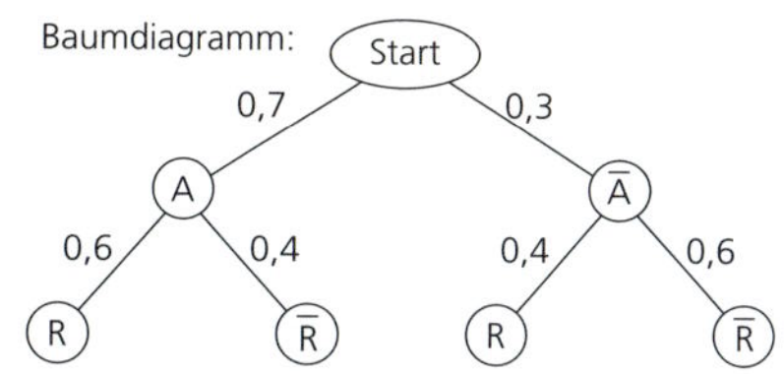

$\left(\frac{35}{50} = 0{,}7;\ \frac{6}{50 - 35} = \frac{6}{15} = 0{,}4\right)$

A: „aufgeschlossen"
$\overline{A}$: „nicht aufgeschlossen"
R: „Schrift nach rechts geneigt"
$\overline{R}$: „Schrift nicht nach rechts geneigt"

b) $P(R) = \frac{27}{50}$; $P(A) = \frac{35}{50}$;

$P(R) \cdot P(A) = \frac{189}{500} = 0{,}378$;

$P(R \cap A) = \frac{21}{50} = 0{,}42 \neq P(R) \cdot P(A)$:

$P(R) = 0{,}7 \cdot 0{,}6 + 0{,}3 \cdot 0{,}4 = 0{,}42 + 0{,}12 = 0{,}54$;

$P(A) = 0{,}7$;

$P(R) \cdot P(A) = 0{,}54 \cdot 0{,}7 = 0{,}378$;

$P(R \cap A) = 0{,}7 \cdot 0{,}6 = 0{,}42 \neq P(R) \cdot P(A)$:

Die Ereignisse R und A sind voneinander stochastisch abhängig.

Beispielabitur: Stochastik / Lösungen zu Seite 51/52

c) Vierfeldertafel (mit x anstelle von 40%):

	A	$\overline{A}$	
R	$35 \cdot (1 - x)$	6	$35 \cdot (1 - x) + 6$
$\overline{R}$	$35 \cdot x$	9	$35 \cdot x + 9$
	35	15	50

R und A sind voneinander stochastisch unabhängig, wenn $P(R) \cdot P(A) = P(R \cap A)$ gilt:

$\frac{35 \cdot (1 - x) + 6}{50} \cdot \frac{35}{50} = \frac{35 \cdot (1 - x)}{50}$; $| \cdot \frac{50^2}{35}$

$35 \cdot (1 - x) + 6 = 50 \cdot (1 - x)$; $| -35 \cdot (1 - x)$

$6 = 15 \cdot (1 - x)$; $| : 15$

$0{,}4 = 1 - x$; $| + x - 0{,}4$

$x = 0{,}6 = 60\%$:

Wenn man den Prozentsatz von 40% auf 60% abändert, ergibt sich die neue Vierfeldertafel

	A	$\overline{A}$	
R	14	6	20
$\overline{R}$	21	9	30
	35	15	50

Probe:

$P(R) = \frac{20}{50} = 0{,}4$; $P(A) = \frac{35}{50} = 0{,}7$;

$P(R) \cdot P(A) = 0{,}28$;

$P(R \cap A) = \frac{14}{50} = 0{,}28 = P(R) \cdot P(A)$

3. a) $P(X = 5) = B(20; 0{,}25; 5) \approx 0{,}20233 \approx 20{,}2\%$

b) $E(X) = \mu = np = 20 \cdot 0{,}25 = 5$;

$P(X < 5) = P(X \leq 4) = F(20; 0{,}25; 4) \approx 0{,}41484 \approx 41{,}5\%$

c) *Gegenbeispiel*: Verteilungsfunktion B(1; 0,2)

$\mu = np = 0{,}2$;

$P(X < \mu) = P(X < 0{,}2) = P(X = 0) = B(1; 0{,}2; 0) = \binom{1}{0} \cdot 0{,}2^0 \cdot 0{,}8^1 = 1 \cdot 1 \cdot 0{,}8 = 0{,}8 > 50\%$

Aufgabengruppe I

1. Anzahl der Befragten:
in Niederberg 1 722, in Oberberg 258
Anzahl der Befragten, die Einwände hatten:
in Oberberg 27, in Niederberg (1 089 – 27 =) 1 062
Vierfeldertafel:

	E	$\overline{E}$	
Oberberg	231	27	258
Niderberg	660	1 062	1 722
	891	1 089	1 980

E: hatten Einwände
$\overline{E}$: hatten keine Einwände

a) Prozentualer Anteil der Gegner der Windkraftanlage unter den Befragten
in Niederberg: $\frac{660}{1\,722} \approx 38{,}3\%$
in Oberberg: $\frac{231}{258} \approx 89{,}5\%$

b) $p_1 = \frac{231}{1\,980} \approx 11{,}7\%$;
$p_2 = \frac{231}{891} \approx 25{,}9\%$

c) $p_1 = \frac{\text{Anzahl der befragten Oberberger, die Einwände hatten}}{\text{Anzahl aller Befragten}}$;
$p_2 = \frac{\text{Anzahl der befragten Oberberger, die Einwände hatten}}{\text{Anzahl aller Befragten, die Einwände hatten}}$

Die Anzahl aller Befragten, die Einwände hatten, ist höchstens so groß wie die Anzahl aller Befragten; somit kann der Fall $p_1 > p_2$ nicht eintreten.

2. a)

Preiskategorie	1	2	3	4
Wahrscheinlichkeit	$\frac{1}{10}$	$\frac{2}{10}$	$\frac{3}{10}$	$\frac{4}{10}$
„Gewinn" G der Bürgerinitiative	–7,50 €	–2,50 €	2,50 €	2,50 €

E(G) = –7,50 € · 0,1 – 2,50 € · 0,2 + 2,50 € · 0,3 + 2,50 € · 0,4 = 0,50 €:
Im Mittel beträgt der „Gewinn" der Bürgerinitiative pro Spiel 0,50 €.

b) $P(A) = 0{,}4^5 \cdot 0{,}6^5$;
$P(B) = \binom{10}{5} \cdot 0{,}4^5 \cdot 0{,}6^5$;
$P(C) = \binom{10}{5} \cdot 0{,}1^5 \cdot 0{,}4^5$;

3. $1 - (1-p)^{10} \geq 0{,}99$;
$-(1-p)^{10} \geq -0{,}01$;
$(1-p)^{10} \leq 0{,}01$;
$1 - p \leq \sqrt[10]{0{,}01}$;
$-p \leq \sqrt[10]{0{,}01} - 1$;
$p \geq 1 - \sqrt[10]{0{,}01} \approx 36{,}9\%$:
Der Anteil der Gegner der Windkraftanlage unter den Badegästen muss mindestens (etwa) 37% betragen.

4. $p \geq 0{,}55$; $n = 200$; $P(X \leq k) \leq 0{,}05$: $k \leq 97$
Ablehnungsbereich: {0; 1; 2; …; 96; 97}:
Lehnen höchstens 97 der 200 zufällig Befragten die Errichtung der Windkraftanlage ab, dann wird die Vermutung des Gemeinderats mit einer Wahrscheinlichkeit von höchstens 5% irrtümlich abgelehnt.

Aufgabengruppe II

1. a) $P(20 \leq X \leq 25) = F(200; 0{,}1; 25) - F(200; 0{,}1; 19) \approx 0{,}89954 - 0{,}46554 = 43{,}4\%$

b) $P(240; 0{,}1; 20) = \binom{240}{20} \cdot 0{,}1^{20} \cdot 0{,}9^{220} \approx 6{,}3\%$

c) $P(w) \cdot P(v) = P(w \cap v)$;
$P(w) \cdot \frac{20}{240} = \frac{6}{240}$;
$P(w) = \frac{6}{20}$; $\frac{6}{20} \cdot 240 = 72$:
Unter den 240 Passagieren sind 72 Frauen.

2. a) $p \leq 0{,}15$; $n = 200$; $P(X \geq k) \leq 0{,}05$:
$1 - F(200; 0{,}15; k-1) \leq 0{,}05$;
$F(200; 0{,}15; k-1) \geq 0{,}95$;
$k - 1 \geq 38$;
$k_{min} = 39$:
Ablehnungsbereich: {39; 40; 41; …; 199; 200}:
Wenn sich mehr als 38 Personen für das Premiummenü aussprechen, wird die Nullhypothese auf dem 5%-Signifikanzniveau abgelehnt.

b) Da bei der von der Fluggesellschaft bevorzugten Nullhypothese („Höchstens 15% der Passagiere wünschen das Angebot eines Premiummenüs") die Wahrscheinlichkeit, das Premiummenü zu Unrecht anzubieten, höchstens 5% beträgt, die Wahrscheinlichkeit, es zu Unrecht nicht anzubieten, aber deutlich größer sein kann, war für die Fluggesellschaft bei der Auswahl der Nullhypothese entscheidend, dass das irrtümliche Anbieten des Premiummenüs vermeidbare Mehrkosten verursachen würde.

3. a)

	K	$\overline{K}$	
B	x	0,05	0,96
$\overline{B}$	0,03	0,01	0,04
	0,94	0,06	1

$x = 0{,}96 - 0{,}05 = 0{,}91$ oder $x = 0{,}94 - 0{,}03 = 0{,}91$:
Bei 91% der Flugzeuge des Typs X funktioniert in der Passagierkabine sowohl die Beleuchtung wie auch die Klimaanlage einwandfrei.

b) $P_{\overline{B}}(\overline{K}) = \frac{P(\overline{B} \cap \overline{K})}{P(\overline{B})} = \frac{0{,}01}{0{,}04} = 25\%$

c)

	K	$\overline{K}$	
B	0,95	0,03	0,98
$\overline{B}$	0,01	0,01	0,02
	0,96	0,04	1

Wenn mindestens einer dieser beiden Mängel vorliegt (das ist bei 5% der Flugzeuge des Typs Y der Fall), dann funktioniert mit einer Wahrscheinlichkeit von 40% die Beleuchtung nicht.
Somit hat $P(\overline{B})$ den Wert (40% von 5%, also 2% =) 0,02 und $P(B \cap \overline{K})$ den Wert (5% – 0,02 = 0,05 – 0,02 =) 0,03.